团 体 标 准

钢结构检测与鉴定通用标准

General standard for test and appraisal of steel structures

T/CSCS 036－2023

主编单位：中冶检测认证有限公司
同　济　大　学
批准单位：中 国 钢 结 构 协 会
施行日期：2 0 2 3 年 3 月 1 5 日

中国建筑工业出版社

2022　北　京

团 体 标 准
钢结构检测与鉴定通用标准
General standard for test and appraisal of steel structures
T/CSCS 036 - 2023
*
中国建筑工业出版社出版、发行（北京海淀三里河路9号）
各地新华书店、建筑书店经销
北京鸿文瀚海文化传媒有限公司制版
北京建筑工业印刷厂印刷
*
开本：850毫米×1168毫米 1/32 印张：3¼ 字数：86千字
2023年3月第一版 2023年3月第一次印刷
定价：**45.00**元
统一书号：15112·40435

本社网址：http://www.cabp.com.cn
网上书店：http://www.china-building.com.cn

中国钢结构协会

中钢构协〔2022〕40 号

中国钢结构协会关于发布团体标准《钢结构检测与鉴定通用标准》的通知

现批准《钢结构检测与鉴定通用标准》为中国钢结构协会团体标准，编号为 T/CSCS 036－2023，自 2023 年 3 月 15 日起实施。本团体标准由中国钢结构协会委托中国建筑出版传媒有限公司出版发行。

中国钢结构协会

2022 年 12 月 7 日

前　　言

根据中国钢结构协会《关于发布中国钢结构协会2020年第一批团体标准编制计划的通知》（中钢构协〔2020〕第10号）文件要求，编制组经广泛调查研究，认真总结工程实践经验，参考国家、行业相关标准，并在广泛征求意见的基础上，编制了本标准。

本标准共10章，主要内容包括：1. 总则；2. 术语和符号；3. 基本规定；4. 钢材性能检测与评定；5. 构件检测与评定；6. 连接和节点检测与评定；7. 钢结构可靠性鉴定；8. 钢结构抗震鉴定；9. 钢结构监测；10. 专项检测与鉴定。

本标准由中国钢结构协会负责管理，由中冶检测认证有限公司负责具体技术内容的解释。执行过程中如有意见和建议，请反馈至中冶检测认证有限公司（地址：北京市海淀区西土城路33号，邮政编码：100088）。

本标准主编单位： 中冶检测认证有限公司
同济大学

本标准参编单位： 中冶建筑研究总院有限公司
哈尔滨工业大学
中国钢结构协会钢结构质量安全检测鉴定专业委员会
宝钢钢构有限公司
清华大学
北京工业大学
太原理工大学
海南大学
江苏瑞利山河建设工程质量检测有限公司

广东锐鉴建筑检测鉴定有限公司
广东科艺建设工程质量检测鉴定有限公司
北京城市副中心站综合枢纽建设管理有限公司
北方测盟科技有限公司
中国五冶集团有限公司
四川冶金建筑工程质量检测有限公司
四川宝铁桥隧工程检测技术有限公司
天津市房屋质量安全鉴定检测中心有限公司
北京市政一建设工程有限公司
中国水利水电第十一工程局有限公司
中宏检验认证集团有限公司
深圳市建筑设计研究总院有限公司
江苏建科鉴定咨询有限公司
建研院检测中心有限公司
江苏科迪建设工程质量检测有限公司
中钢集团郑州金属制品研究院股份有限公司
西南科技大学
内蒙古科技大学
北京新智唯弓式建筑有限公司

本标准主要起草人员： 耿树江　张兴斌　罗永峰　弓俊青
曹正罡　王元清　刘春波　李晓东
李永录　幸坤涛　张文革　吴金志
李海旺　罗立胜　韩腾飞　张　伟
雍伟兵　潘锐星　王　璐　张　冰
佟旭阳　徐文武　田延华　计家群
周　敬　赵　钟　王子英　陈　斌

任志海　李保安　张海峰　李　根
张　波　谢　军　何　斌　唐　理
郭满良　万　霆　刘　盈　张　钫
曹芙波　褚云鹏　刘志伟　范　飞
李甜甜

本标准主要审查人员： 朱忠义　贺明玄　高小旺　程绍革
左勇志　张天申　完海鹰　林　冰
孟祥武

目　　次

Contents

1 总　　则

1.0.1 为规范钢结构的检测、监测与鉴定工作，保障钢结构的检测、监测与鉴定工作技术先进、经济合理，制定本标准。

1.0.2 本标准适用于以钢结构为承重结构的工业、民用建筑和构筑物的检测、监测与鉴定。

1.0.3 钢结构的检测、监测与鉴定除应符合本标准外，尚应符合现行国家有关标准及法律法规的规定。

2　术语和符号

2.1　术　　语

2.1.1　检测　testing

对钢结构状况或性能进行的现场量测和取样试验等工作。

2.1.2　监测　monitoring

对结构状况或作用采用人工或仪器设备等手段所进行的连续性的观察或测量。

2.1.3　鉴定　appraisal

判定建筑结构的性能和状况所实施的一系列活动。

2.1.4　可靠性鉴定　appraisal of reliability

对钢结构在目标工作年限或后续工作年限内的安全性、适用性和耐久性所进行的调查、检测、分析、验算和评定等一系列活动。

2.1.5　评定　assessment and appraisal

根据检查、检测、监测和分析验算结果，对钢结构的安全性、适用性和耐久性中相关项目按照规定的标准和方法所进行的评价。

2.1.6　抗震鉴定　seismic appraisal

通过检查、检测及计算等手段，按规定的抗震设防要求，对现有钢结构在后续工作年限内地震作用下的抗震性能进行评估。

2.1.7　专项检测与鉴定　special test and appraisal

针对钢结构的某项特定性能或特定需求所进行的检测与鉴定。

2.1.8　目标工作年限　expected working life

期望所鉴定钢结构继续工作的年限。

2.1.9　后续工作年限　continuous seismic working life

对现有钢结构经抗震鉴定后继续使用所约定的一个时期，在这个时期内，钢结构不需重新抗震鉴定和相应加固就能按预期目的使用，完成预定功能。

2.1.10 鉴定单元 appraisal unit

根据所鉴定钢结构的结构特点，将其划分成一个或若干个可以独立进行鉴定的区段，每个区段为一个鉴定单元。

2.1.11 构件 member

钢结构承重结构系统中进一步细分的基本单位，指承受各种作用的单个结构构件或承重结构的一个组成部分。

2.1.12 构件单元 member element

钢结构承重结构系统中的基本鉴定单位，指单个结构构件以及与其相关联的连接、节点。

2.1.13 构件单元集 member assessment

同类构件单元的集合，按构件单元在结构中的重要性、失效后对结构整体安全性的影响范围与程度，划分为主要构件单元集和一般构件单元集。

2.1.14 主要构件 dominant member

其自身失效将导致其他构件失效，并危及承重结构系统安全工作的构件，或直接影响生产或使用的构件。

2.1.15 一般构件 common member

其自身失效为孤立事件，不会导致其他构件失效，且不直接影响生产或使用的构件。

2.1.16 连接 connection

采用螺栓、焊接、铆钉、射钉、咬合和锚固等方式把构件或配件结合在一起的系统。

2.1.17 锚具 anchorage

在预应力结构中，用于保持拉索或钢棒拉力并将其传递到其他构件上所用的永久性锚固装置。

2.2 符 号

鉴定评级

A_u、B_u、C_u、D_u——结构系统的安全性等级；
A_s、B_s、C_s——结构系统的适用性等级；
A_d、B_d、C_d——结构系统的耐久性等级；
a_u、b_u、c_u、d_u——构件单元的安全性等级；
a_s、b_s、c_s——构件单元的适用性等级；
a_d、b_d、c_d——构件单元的耐久性等级；
A、B、C、D——结构系统的可靠性等级；
一、二、三、四——鉴定单元的可靠性等级。

3 基本规定

3.1 基本要求

3.1.1 钢结构在施工和使用期间，应根据工程需要和结构实际状况，对钢结构进行检测、监测或鉴定。

3.1.2 钢结构检测、监测和鉴定，可根据其目的分为下列类型：

1 钢结构检测可分为在建钢结构工程质量检测和既有钢结构状况与性能检测；

2 钢结构监测可分为施工监测和使用监测；

3 既有钢结构鉴定可分为可靠性鉴定、抗震鉴定和针对钢结构特定性能或需求的专项鉴定。

3.1.3 钢结构检测、监测和鉴定方案应在查阅图纸资料和现场初步调查基础上，根据目的、工作内容和要求等制订，应包括下列内容：

1 钢结构检测方案应包括建（构）筑物概况、检测依据、检测项目或参数、检测与试验方案、抽样方案、检测仪器设备、工作进度计划及需要委托方完成的配合工作；

2 钢结构监测方案应包括建（构）筑物概况、结构分析、监测参数、测点布置、监测系统安装方法与防护措施、数据采集与处理模式、监测频次、监测数据报送、报警方式及预警值、监测进度计划及需要委托方完成的配合工作；

3 既有钢结构鉴定方案应包括建（构）筑物概况、鉴定依据、详细调查和检测内容、检测方法、结构分析验算内容与方法、结构构件评定内容与方法、工作进度计划及需要委托方完成的配合工作。

3.2 钢结构检测

3.2.1 下列情况下，应对在建钢结构工程质量进行检测：

1 国家现行有关标准等规定的检测；

2 钢结构工程质量评定或工程验收需要的检测；

3 发生施工质量或安全事故后需要的检测；

4 工程质量保险和司法案件要求实施的检测。

3.2.2 下列情况下，应对既有钢结构状况和性能进行检测：

1 进行可靠性鉴定、抗震鉴定或专项性能鉴定；

2 需要大修、扩建、加固改造和耐久性处理；

3 遭受灾害或事故影响后；

4 结构构件出现变形、破损、开裂、锈蚀等损伤或影响正常使用的振动；

5 使用或维护过程中，需要定期进行状况检测。

3.2.3 在建钢结构工程质量检测应满足现行国家标准《钢结构工程施工质量验收标准》GB 50205 及相关标准和设计要求，宜包括下列内容：

1 设计图纸、施工和检验验收文件资料调查；

2 安装施工与设计符合性检查与检测；

3 材料与部件性能检测；

4 加工与拼接尺寸偏差、定位与安装变形偏差检测；

5 焊缝、螺栓与销轴施工质量检测；

6 结构构件加载试验及结构综合性能试验检验。

3.2.4 既有钢结构检测的范围应根据结构具体情况和需要确定，宜包括下列内容：

1 设计或竣工图纸资料、使用维护记录、历次加固改造资料及地基沉降测量数据调查；

2 使用环境、地基勘探资料及荷载作用调查；

3 钢结构地基基础检测；

4 结构布置和构造、支撑系统、结构构件及连接状况检查；

5 材料实际性能和构件几何参数检测；

6 结构构件和节点连接存在的缺陷和损伤、偏差、腐蚀检查检测；支座节点与基础节点的工作状况、变形与损伤检测；

7 结构构件工作应力和变形、荷载作用、动态性能、动力响应、疲劳应力谱测试，结构构件综合性能检验时，可进行结构荷载试验；

8 围护结构系统检测。

3.2.5 钢结构检测的抽样方案应按下列原则确定：

1 在建钢结构质量检测方案应按现行国家标准《钢结构工程施工质量验收标准》GB 50205 的规定确定；

2 既有钢结构检测，应综合考虑鉴定需要、竣工验收与改造资料、结构现状和现场情况，按下列原则确定：

1）结构布置体系、整体构造和连接、支撑系统、地基沉降状况应全数进行检查与检测，钢材性能、构件、节点、连接和涂层检测抽样方案可参照现行国家标准《建筑结构检测技术标准》GB/T 50344 的相关规定制订；

2）结构构件变形、腐蚀与缺陷损伤检测项的抽样方案，应在现场普查的基础上，根据鉴定需要，按区域和缺陷损伤程度分类、分区域制订；

3）对因火灾、爆炸、高温、环境侵蚀等灾害造成变形、腐蚀、损伤的结构构件，应全数进行检测；

4）当取样条件受限时，应通过专门研究制订抽样方案。

3.2.6 钢结构鉴定中发现调查检测资料或数据不足时，应及时进行补充调查或检测。

3.2.7 在建钢结构检测，应给出所检项目或参数是否符合设计文件要求和满足相应验收标准要求的结论；既有钢结构检测，应给出所检项目或参数是否符合相关标准的结论。

3.3 钢结构监测

3.3.1 下列情况下，应进行钢结构施工监测：

1 现行国家法规与工程设计文件要求进行监测；

2 施工中，结构的位移、变形、内力控制对其安全与质量有重大影响；

3 结构整体或分块、分条提升、顶升、滑移、卸载，大型构件或组件吊装与安装时；

4 安装施工支承结构、大型施工设施的变形与内力对钢结构安全有重大影响；

5 施工采用新工艺、新方法。

3.3.2 在下列情况下，应进行钢结构使用监测：

1 现行国家法规、标准和设计文件要求进行监测；

2 承受动载的工业钢结构和钢结构设施，疲劳破损明显，或结构有明显振动、构件变形和开裂，且原因尚不明确；

3 发生地基沉降且沉降未稳定时，或结构构件变形过大，且有继续增大可能的；

4 结构设计存在超限，如抗震设防专项审查的超限大跨空间结构和高层钢结构；

5 邻近施工作业对结构安全和正常使用有明显影响；

6 人员密集、工业生产与通道的重要钢结构构件，发生破损后，其经济与社会影响较大时。

3.3.3 钢结构监测应满足安装施工和使用的需要，宜包括下列内容：

1 确定监测参数、测点数量与布置；

2 选择适应现场条件与监测要求的传感系统；

3 监测系统安装与调试；

4 监测运行；

5 数据分析处理与结构状态评估。

3.3.4 监测报告应包括监测数据和监测参数的时域或频域变化特征，需要时，应给出监测数据分析处理或结构状态评估结果。

3.4 钢结构鉴定

3.4.1 钢结构鉴定应符合下列原则：

1 进行钢结构鉴定时，应同时进行可靠性鉴定或安全性鉴定和抗震鉴定；

2 钢结构可靠性应根据安全性、适用性和耐久性评定结果进行鉴定；

3 钢结构适用性和耐久性鉴定，应在结构安全性满足要求的基础上进行；

4 新建或有专门要求按设计标准鉴定的钢结构，应按结构设计要求或结构设计依据的国家现行有关标准进行符合性鉴定。

3.4.2 钢结构在下列情况下，应进行鉴定：

1 国家法规规定的鉴定；

2 钢结构进行改造或扩建，使用用途改变，使用荷载或使用环境改变；

3 达到设计工作年限后，需要继续使用；

4 原设计未考虑抗震设防，或抗震设防要求提高，或隔震、减震装置的性能出现老化或退化；

5 遭受灾害或事故后；

6 日常使用中发现安全隐患；

7 存在较严重的质量缺陷，或出现较严重的腐蚀、损伤、变形和振动影响，或毗邻工程施工对结构有不利影响；

8 各种应急需要。

3.4.3 钢结构在下列情况下，可进行专项鉴定：

1 结构存在耐久性损伤影响其耐久年限；

2 结构存在明显的振动影响或存在疲劳问题影响其疲劳寿命；

3 结构使用或改造有专门要求；

4 遭受灾害或事故后；

5 保险理赔和司法案件中，需要针对钢结构进行鉴定。

3.4.4 钢结构分析和校核应分别进行承载能力极限状态、正常使用极限状态、抗震承载力与变形的验算；当直接承受动力荷载时，还应进行疲劳、动态响应验算。结构分析验算方法，应符合现行国家标准《建筑结构荷载规范》GB 50009 和《钢结构设计标准》GB 50017 的规定，并应符合下列原则：

1 结构分析采用的计算模型应符合结构的实际受力和构造状况，分析设置的边界条件应符合结构的实际情况；

2 结构上的荷载作用，经调查符合现行国家标准《建筑结构荷载规范》GB 50009 规定取值者，应按规范选用；与现行国家标准《建筑结构荷载规范》GB 50009 规定取值偏差较大者，应按实际情况确定；现行国家标准《建筑结构荷载规范》GB 50009 未作规定或按实际情况难以直接选用时，可根据现行国家标准《工程结构可靠性设计统一标准》GB 50153 与《工程结构通用规范》GB 55001 的有关规定确定；

3 当结构构件受到不可忽略的温度、地基变形等作用时，应考虑相应的附加作用效应；

4 当材料的种类和性能符合原设计要求时，可根据原设计取值；当材料的种类和性能与原设计不符，或材料性能已显著退化时，应根据实测数据按现行国家标准《建筑结构检测技术标准》GB/T 50344 的规定确定；

5 结构或构件的几何参数应取实测值，并应考虑结构实际的变形、施工偏差以及缺陷、损伤、腐蚀等影响；

6 当钢结构表面温度高于 100℃时，应考虑其强度和刚度的降低；当高强度螺栓连接处温度高于 100℃或者曾经高于 100℃时，应考虑其抗滑移承载能力的降低；

7 当需要通过结构构件荷载试验检验其承载性能和使用性能时，应按现行国家标准《建筑结构检测技术标准》GB/T 50344 的规定进行试验。

3.4.5 钢结构可靠性鉴定应根据详细调查和检测结果，对结构构件与节点、上部承重钢结构、地基基础、围护结构、鉴定单元进行验算分析与评定，并应符合下列规定：

1 钢结构可靠性鉴定评级宜划分为鉴定单元、结构系统、构件单元三个层次；

2 钢结构可靠性鉴定应按表 3.4.5 的规定进行评级，可靠性和安全性分为四级，适用性和耐久性分为三级；

3 结构系统的鉴定评级应包括安全性、适用性和耐久性等级评定，可靠性等级应根据安全性、适用性和耐久性等级综合评定。当不需要评定可靠性等级时，可直接给出安全性、适用性和耐久性评定结果；

4 构件单元的鉴定评级应包括安全性、适用性和耐久性等级评定。

表 3.4.5 钢结构可靠性鉴定评级的层次、等级划分及项目内容

<table>
<tr><td>层次</td><td>Ⅰ</td><td colspan="3">Ⅱ</td><td>Ⅲ</td></tr>
<tr><td>层名</td><td>鉴定单元</td><td colspan="3">结构系统</td><td>构件单元</td></tr>
<tr><td rowspan="14">可靠性鉴定</td><td>一、二、三、四</td><td rowspan="5">安全性评定</td><td colspan="2">A_u、B_u、C_u、D_u</td><td>a_u、b_u、c_u、d_u</td></tr>
<tr><td rowspan="13">建筑物整体或某一区段</td><td>地基基础</td><td>地基变形、斜坡稳定性或承载力</td><td rowspan="4">承载能力
构造和连接</td></tr>
<tr><td rowspan="2">上部承重钢结构</td><td>整体性</td></tr>
<tr><td>承载功能</td></tr>
<tr><td>围护结构</td><td>承载功能
构造连接</td></tr>
<tr><td rowspan="5">适用性评定</td><td colspan="2">A_s、B_s、C_s</td><td>a_s、b_s、c_s</td></tr>
<tr><td>地基基础</td><td>影响上部结构正常使用的地基变形</td><td rowspan="4">变形
裂缝
缺陷、损伤</td></tr>
<tr><td rowspan="2">上部承重钢结构</td><td>使用状况</td></tr>
<tr><td>挠度与水平位移</td></tr>
<tr><td>围护系统</td><td>功能与状况</td></tr>
<tr><td rowspan="4">耐久性评定</td><td colspan="2">A_d、B_d、C_d</td><td>a_d、b_d、c_d</td></tr>
<tr><td rowspan="2">上部承重钢结构</td><td>使用状况</td><td rowspan="3">腐蚀
涂层
老化、裂缝</td></tr>
<tr><td>防腐涂层状况</td></tr>
<tr><td>围护系统</td><td>老化与锈蚀状况</td></tr>
</table>

续表 3.4.5

<table>
<tr><td>层次</td><td>Ⅰ</td><td colspan="3">Ⅱ</td><td>Ⅲ</td></tr>
<tr><td>层名</td><td>鉴定单元</td><td colspan="3">结构系统</td><td>构件单元</td></tr>
<tr><td rowspan="4">可靠性鉴定</td><td rowspan="4">建筑物整体或某一区段</td><td rowspan="4">可靠性评定</td><td colspan="2">A、B、C、D</td><td></td></tr>
<tr><td>地基基础</td><td rowspan="3">根据结构系统安全性、适用性和耐久性等级综合评定</td><td rowspan="3"></td></tr>
<tr><td>上部承重钢结构</td></tr>
<tr><td>围护结构</td></tr>
</table>

3.4.6 钢结构抗震鉴定宜按抗震措施核查和抗震验算两个项目进行鉴定，亦可根据实际情况采用基于性能的抗震鉴定。

4 钢材性能检测与评定

4.1 一 般 规 定

4.1.1 钢材性能检测可分为在建钢结构材料性能检测和既有钢结构材料性能检测。

4.1.2 在建钢结构材料检测项目应符合工程设计、质量评定及现行国家标准《钢结构工程施工质量验收标准》GB 50205 要求；既有钢结构材料性能检测项目应满足评定的需要。

4.1.3 既有钢结构材料检测尚应符合下列原则：

1 当设计和验收资料齐全时，可进行符合性验证；

2 当设计和验收资料缺失时，应通过现场取样或现场测试进行检测；

3 当存在腐蚀、残余变形及火灾等情况时，应进行现场取样检测。

4.1.4 钢材性能检测现场取样，应根据材料性能检测要求确定取样部位、取样数量和样品尺寸；取样应保证不影响试样的性能和结构安全。

4.1.5 取样之前，应记录取样的具体位置、样品尺寸和形状、构件表面原始状态等信息。

4.1.6 当被检测材料的性能随时间或使用环境变化的影响可以忽略不计时，可按下列方法确定材料的性能指标：

1 经调查有可靠的材料质量实测记录资料时，可按原记录资料确定材料的性能指标；

2 当工程尚有拟评定结构构件钢材的同批次余料时，可对其余料进行检验，以确定材料的性能指标，否则应现场取样实测；

3 经调查确认结构主要构件或部件材料与其一般构件或部

件材料为同一批次材料，可在其一般构件或部件上取样检测以确定材料的性能指标。

4.1.7 当结构工作环境与原设计状态比较无明显变化，未曾发生材料劣化、损坏现象时，可按下列原则进行组批检测：

1 对于钢材，同种构件、同规格为一个检测批；

2 对于连接紧固件和其他节点连接材料，同种构件中的同规格零部件为一个检测批。

4.1.8 由于累积损伤、腐蚀及灾害等原因可能造成构件材料性质发生改变时，应在该构件上取样检测；进行检测组分批时，应考虑致损条件、损伤程度的同一性。

4.2 钢材检测内容

4.2.1 钢材性能检测宜包括下列内容：

1 钢材的力学性能宜包括屈服强度、抗拉强度、伸长率、冷弯性能、冲击韧性、钢板厚度方向性能、疲劳性能以及特殊钢材的其他力学性能要求；

2 钢材的物理性能宜包括弹性模量、线膨胀系数、密度、硬度；

3 钢材的主要化学成分宜包括 C、Mn、Si、S、P、V、Nb、Ti 等元素的含量；

4 钢材内部质量检测宜包括气孔、夹渣、分层等内部缺陷。

4.2.2 当钢结构材料发生烧损、变形、断裂、腐蚀或其他形式的损伤，需要确定微观组织是否发生变化时，应进行金相检测，检测内容宜包括显微组织、晶粒度、非金属夹杂物、脱碳层、渗碳检测等。

4.3 钢材检测方法

4.3.1 既有构件取样难度较大时，钢材的强度等级和品种可采用表面硬度、直读光谱法或材料化学成分分析法辅助判定。钢材表面硬度的检测应符合现行国家标准《建筑结构检测技术标准》

GB/T 50344 附录 N 的规定。

4.3.2 钢材力学性能检测应符合下列规定：

1 屈服强度和抗拉强度的检测方法应符合现行国家标准《金属材料 拉伸试验 第1部分：室温试验方法》GB/T 228.1 的规定；

2 弯曲检测方法应符合现行国家标准《金属材料 弯曲试验方法》GB/T 232 和《焊接接头弯曲试验方法》GB/T 2653 的规定；

3 冲击韧性的检测方法应符合现行国家标准《金属材料 夏比摆锤冲击试验方法》GB/T 229 和《焊接接头弯曲试验方法》GB/T 2653 的规定；

4 抗层状撕裂性能的方法应符合现行国家标准《厚度方向性能钢板》GB/T 5313 的规定。

4.3.3 测定钢材中 C、Mn、Si、S、P、V、Nb、Ti 等元素的含量时，检测方法应符合现行国家标准《钢铁 总碳硫含量的测定 高频感应炉燃烧后红外吸收法（常规方法）》GB/T 20123 和《钢铁及合金化学分析方法》GB/T 223 的规定。

4.3.4 钢板内部裂纹、夹渣、分层等缺陷可采用超声波探伤或射线探伤进行检测。

4.3.5 钢板外部损伤可采用磁粉探伤、渗透探伤并辅以放大镜观察的方法检测。

4.3.6 钢材的金相检测可采用现场覆膜金相检测法或便携式显微镜现场检测法，宜在开裂、应力集中、过热、变形、蚀坑或其他可能有材料组织变化的部位进行取样。

4.3.7 对于可以现场取样的钢结构构件，在确保安全的条件下，应对有代表性的部位采用现场破损切割的方法取样，并应进行实验室宏观、微观、断口等金相检验；试样在切取和制备过程中不应受到过热或形变的影响。

4.3.8 金相试样的制备方法应符合现行国家标准《金属显微组织检验方法》GB/T 13298 的规定。

4.4 钢材性能评定

4.4.1 钢材的力学性能、物理性能、化学成分、内部质量应符合结构设计时采用的国家相关标准规定。

4.4.2 当钢材的使用条件发生变化时，其性能应符合国家现行有关标准的规定。

5 构件检测与评定

5.1 构件检测

5.1.1 构件检测内容应包括尺寸、制作安装偏差、变形、外观缺陷、腐蚀等损伤。

5.1.2 构件尺寸检测应包括构件轴线和截面尺寸，且应符合下列规定：

1 在建钢结构构件的尺寸偏差和符合性判定应符合现行国家标准《钢结构工程施工质量验收标准》GB 50205 的规定；

2 既有钢结构构件尺寸符合性判定应符合现行国家标准《建筑结构检测技术标准》GB/T 50344 的规定。

5.1.3 构件制作安装偏差和变形的检测应符合下列规定：

1 构件安装偏差的检测方法和符合性判定应符合现行国家标准《钢结构工程施工质量验收标准》GB 50205 的规定；

2 构件变形检测宜包括弯曲变形、倾斜和扭曲变形，检测参数可按现行国家标准《建筑结构检测技术标准》GB/T 50344 的规定确定。

5.1.4 构件的外观缺陷、腐蚀等损伤检测应符合下列规定：

1 构件外观缺陷检测应包括构件表面麻点或划痕缺陷、构件端边分层或夹杂缺陷等，可采用观察和尺量的方法进行检测；

2 构件表面锈蚀检测应包括锈蚀深度和范围，可采用观察、尺量和超声测厚等方法检测，当腐蚀损伤量超过初始厚度的10%或残余厚度不大于5mm时，宜通过取样方式对钢材力学性能进行检测；

3 对因火灾、爆炸、高温、环境侵蚀、外部碰撞等造成的变形、裂纹、断裂、局部凹凸变形损伤的构件，可采用观察和尺量的方法对损伤的性质、影响范围和程度进行检测。

5.1.5 钢板混凝土组合剪力墙和钢管混凝土柱受压构件的检测，除普通构件的检测项外，尚应包括界面脱空缺陷和内部混凝土密实度检测。检测方法应符合现行国家标准《混凝土结构现场检测技术标准》GB /T 50784 的规定。

5.2 构件安全性评定

5.2.1 构件的安全性评级标准应符合表 5.2.1 规定。

表 5.2.1 构件的安全性评级标准

级别	分级标准	是否采取措施
a_u 级	安全性符合本标准及国家现行标准的要求，且能正常工作	不必采取措施
b_u 级	安全性略低于本标准对 a_u 级的要求，尚不明显影响正常工作	仅需采取维护措施
c_u 级	安全性不符合本标准对 a_u 级的要求，已影响正常工作	应采取措施
d_u 级	安全性极不符合本标准对 a_u 级的要求，已严重影响正常工作	必须立即采取措施

5.2.2 构件安全性等级应按承载能力、构造、不适于承载的变形和损伤四个项目进行评定，并应取其中最低等级作为构件的安全性等级。

5.2.3 构件的安全性等级按承载能力项目评定时，应根据其抗力 R 与作用效应 S 之比 $R/\gamma_0 S$ 按表 5.2.3 的规定进行评定；当构件存在锈蚀现象时，应按剩余的完好截面验算其承载能力，并考虑锈蚀产生的受力偏心效应。

5.2.4 构件安全性等级按构造项目评定时，应根据实际构造与设计标准的符合程度，按表 5.2.4 进行评定。

表 5.2.3 构件承载能力项目安全等级

构件种类	$R/\gamma_0 s$			
	a_u	b_u	c_u	d_u
主要构件	≥1.00	<1.00,≥0.95	<0.95,≥0.88	<0.88
一般构件	≥1.00	<1.00,≥0.92	<0.92,≥0.85	<0.85

注：1 R 为构件抗力；S 为作用效应；γ_0 为结构重要性系数；
2 疲劳性能评定应根据疲劳验算结果，按照专项评定的要求进行，不受表中数值限制。

表 5.2.4 构件构造项目安全等级

检查项目	a_u 级 b_u 级	c_u 级 d_u 级
构造	构件组成形式、长细比或高跨比、宽厚比或高宽比等符合或基本符合国家现行标准要求；无缺陷，或仅有局部表面缺陷；工作无异常	构件组成形式、长细比或高跨比、宽厚比或高宽比等不符合国家现行标准要求；存在明显缺陷，已影响或显著影响正常工作

5.2.5 构件的安全性等级按不适于继续承载的变形（或位移）项目评定时，应符合下列规定：

1 对桁架、屋架或托架的挠度，当其实测值大于桁架计算跨度的 1/400 时，应验算其承载能力。验算时，应考虑由于位移产生的附加应力的影响，并按下列原则评级：

1）当验算结果不低于 b_u 级时，可评定为 b_u 级；

2）当验算结果低于 b_u 级时，应根据其实际严重程度评定为 c_u 级或 d_u 级。

2 对桁架顶点的侧向位移，当其实测值大于桁架高度的 1/200，且有发展趋势时，应评定为 c_u 级或 d_u 级；

3 对其他钢结构受弯构件不适于承载的变形，宜按挠度变形进行评定，当截面高度较大时，尚应对侧向弯曲进行评定；

4 柱顶的水平位移或倾斜尚未稳定时，可直接评定为 d_u 级；

5 当弯曲矢高实测值大于柱自由长度的 1/660 时，应在承载能力的验算中考虑其引起的附加弯矩的影响，并按本标准第 5.2.3 条的规定进行评级；

6 桁架中有整体弯曲变形但无明显局部缺陷的双角钢受压腹杆，可根据其整体弯曲变形程度评定为 c_u 级或 d_u 级；

7 当一个鉴定项目含有多个子项时，应取其中较低一级作为鉴定项目等级。

5.2.6 构件的安全性等级按损伤项目评定时，应根据锈蚀、裂纹或断裂等不同的损伤项目采用不同的评定方法。

5.2.7 构件安全性等级按锈蚀评定时，应按表 5.2.7 的规定进行评定。

表 5.2.7 构件不适于承载的锈蚀等级

等级	评定标准
c_u 级	在结构的主要受力部位，构件截面平均锈蚀深度 Δt 大于 0.1t，但不大于 0.15t
d_u 级	在结构的主要受力部位，构件截面平均锈蚀深度大于 0.15t

注：t 为钢材厚度。

5.2.8 构件安全性等级按裂纹或者断裂损伤评定，应符合下列规定：

1 构件主要受力部位发现裂纹，或者构件发生部分断裂，应根据其实际严重程度评定为 c_u 级或 d_u 级；

2 构件发生脆性断裂或疲劳开裂，应评定为 d_u 级；

5.2.9 钢索应按下列规定对损伤项目进行评定：

1 若索中有断丝，当断丝数不超过索中钢丝总数的 5%时，可评定为 c_u 级；当断丝数超过 5%时，应评定为 d_u 级；

2 索构件发生松弛，应根据其实际严重程度评定为 c_u 级或 d_u 级。

5.3 构件适用性评定

5.3.1 构件适用性评级标准应符合表 5.3.1 规定。

表 5.3.1　构件的适用性评级标准

级别	分级标准	是否采取措施
a_s	符合国家现行标准的正常使用要求，在目标工作年限内能正常使用	不必采取措施
b_s	略低于国家现行标准的正常使用要求，在目标工作年限内尚不明显影响正常使用	可不采取措施
c_s	不符合国家现行标准的正常使用要求，在目标工作年限内明显影响正常使用	应采取措施

5.3.2　构件适用性等级应按变形、偏差、一般构造、防火涂层质量四个项目分别进行评定，并取其中最低等级作为构件的适用性等级。

5.3.3　构件的变形等级，应按构件变形与现行国家标准《钢结构设计标准》GB 50017 等设计标准的符合性和对正常使用的影响程度进行综合评定。满足现行相关标准规定评为 a_s；不满足 a_s，尚不影响正常使用评为 b_s，对正常使用有明显影响评为 c_s。

5.3.4　构件的偏差等级，应按偏差与现行国家标准《钢结构工程施工质量验收标准》GB 50205 规定的符合性和对正常使用的影响程度进行综合评定。满足现行相关标准规定评为 a_s；不满足 a_s，尚不影响正常使用评为 b_s，对正常使用有明显影响评为 c_s。

5.3.5　构件一般构造满足设计标准要求时，应评为 a_s 级，否则应根据对正常使用的影响程度评为 b_s 或 c_s 级。满足现行相关标准规定和设计要求评为 a_s；不满足 a_s，尚不影响正常使用评为 b_s，对正常使用有明显影响评为 c_s。

5.3.6　构件适用性等级按防火涂层评定时，应根据防火涂层外观质量、涂层完整性、涂层厚度三个基本项目按表 5.3.6 的最低适用性等级确定。

表 5.3.6 构件防火涂层项目等级的评定

基本项目	a_s	b_s	c_s
外观质量（包括涂膜裂纹）	涂膜无空鼓、开裂、脱落、霉变、粉化等现象	涂膜局部开裂，薄型涂料涂层裂纹宽度不大于0.5mm；厚型涂料涂层裂纹宽度不大于1.0mm；边缘局部脱落；对防火性能无明显影响	防水涂膜开裂，薄型涂料层裂纹宽度大于0.5mm；厚型涂料涂层裂纹宽度大于1.0mm；重点防火区域涂层局部脱落；对结构防火性能产生明显影响
涂层完整性	涂层完整	涂层完整程度达到70%	涂层完整程度低于70%
涂层厚度	厚度符合设计或国家现行标准要求	厚度小于设计要求，但小于设计厚度的测点数不大于10%，且测点处实测厚度不小于设计厚度的90%；厚涂型防火涂料涂膜，厚度小于设计厚度的面积不大于20%，且最薄处厚度不小于设计厚度的85%，厚度不足部位的连续长度不大于1m，并在5m范围内无类似情况	达不到 b_s 级的要求

5.4 构件耐久性评定

5.4.1 构件的耐久性评级标准应符合表5.4.1规定。

表 5.4.1 构件的耐久性评级标准

级别	分级标准	是否采取措施
a_d 级	符合国家现行标准要求，在目标工作年限内可保证有足够的耐久性能	不必采取措施
b_d 级	略低于国家现行标准要求，在目标工作年限内基本具有保证结构安全性的耐久性能	可不采取措施
c_d 级	不符合国家现行标准要求，影响安全，或影响正常使用	应采取措施

5.4.2 构件耐久性等级应按照防腐涂层或外包裹防护质量及腐蚀两个项目分别进行评定，并应取其中较低等级作为构件的耐久性等级。

5.4.3 构件防腐涂层或外包裹防护质量等级，应根据涂层外观质量、涂层完整性、涂层厚度、外包裹防护四个基本项目按表5.4.3分别进行评定，并应取其中的最低等级作为构件防腐涂层或外包裹防护质量等级。

表 5.4.3 构件按防腐涂层和外包裹防护质量评定耐久性等级

项目	a_d	b_d	c_d
涂层外观质量	涂层无皱皮、流坠、针眼、漏点、气泡、空鼓、脱层；无变色、粉化 、霉变、起泡、开裂、脱落，构件无生锈	涂层有变色、失光，起微泡面积小于50%，局部有粉化、开裂和脱落，构件轻微点蚀	涂层严重变色、失光，起微泡面积超过50%，并有大泡，出现大面积粉化、开裂和脱落，涂层大面积失效，构件腐蚀
涂层完整性	涂层完整	涂层完整程度达到70%	涂层完整程度低于70%
涂层厚度	厚度符合设计或国家现行标准要求	厚度小于设计要求，但小于设计厚度的测点数不大于10%，且测点处实测厚度不小于设计厚度的90%	达不到 b_d 级的要求
外包裹防护	满足设计要求，包裹防护无损坏，可继续使用	基本满足设计要求，包裹防护有少许损伤，经维修后可继续使用	不满足设计要求，包裹防护有损坏，经返修、加固后方可继续使用

5.4.4 构件腐蚀等级，可根据钢材表面腐蚀程度、腐蚀深度和腐蚀对承载力的影响按表5.4.4综合评定。有腐蚀，但对承载力无影响时，评定为 b_d，对承载力有影响时，评定为 c_d。

表 5.4.4 构件按腐蚀评定耐久性等级

项目	a_d	b_d	c_d
腐蚀状态	钢材表面无腐蚀	底层有腐蚀，钢材表面呈麻面状腐蚀，平均腐蚀深度超过 $0.05t$，但小于 $0.1t$，可不考虑对构件承载力的影响	钢材严重腐蚀，发生层蚀、坑蚀现象，平均腐蚀深度超过 $0.1t$，对构件承载力有影响

6 连接和节点检测与评定

6.1 连接检测

6.1.1 钢结构连接检测应包括焊接连接、普通螺栓连接、高强度螺栓连接、铆钉连接和锚具连接的检测。

6.1.2 焊接连接检测内容应包括焊缝外观质量、焊缝尺寸、焊缝内部缺陷、锈蚀损伤等项目，且应符合下列要求：

1 新建钢结构焊缝质量检测应符合现行国家标准《钢结构工程施工质量验收标准》GB 50205、《钢结构焊接规范》GB 50661 规定；

2 既有钢结构焊缝检测应符合现行国家标准《建筑结构检测技术标准》GB/T 50344 的规定。

6.1.3 普通螺栓和铆钉连接检测应符合下列规定：

1 新建钢结构普通螺栓和铆钉连接检测应包括以下内容：螺栓与铆钉的型号规格、质量复检，被连接钢板成孔排列布置、间距、孔径尺寸公差、垂直度和外观质量，螺栓和铆钉安装质量与紧固密贴性。其检测应符合现行国家标准《钢结构工程施工质量验收标准》GB 50205 的规定。

2 既有钢结构普通螺栓和铆钉连接检测应包括以下内容：外观与紧固状况，锈蚀损伤、松动与脱落，连接区钢板、螺栓或铆钉形变。其检测应符合现行国家标准《建筑结构检测技术标准》GB/T 50344 的规定。

6.1.4 高强度螺栓连接检测应符合下列规定。

1 在建钢结构高强度螺栓连接检测应包括以下内容：高强度螺栓连接副的型号规格、摩擦面抗滑移系数复检，被连接钢板成孔排列布置、间距、孔径尺寸公差、垂直度和外观质量，大六角高强度螺栓连接副终拧扭矩、扭剪型高强度螺栓连接副拧掉梅花头，安装拧紧后的外观质量与丝扣外露数量。其检测应符合现行国家标准《钢结构工程施工质量验收标准》GB 50205、《钢结构用高强度大六角头螺栓、大六角螺母、垫圈技术条件》GB/T 1231、《钢结构用扭剪型高强度螺栓连接副》GB/T 3632、《钢网架螺栓球节点用强度螺栓》GB/T 16939 的规定。

2 既有钢结构高强度螺栓连接检测应包括以下内容：外观与紧固状况，锈蚀损伤、松动与脱落，连接区钢板、螺栓形变，终拧扭矩。其检测应符合现行国家标准《钢结构现场检测技术标准》GB/T 50621 的规定。

6.1.5 锚具连接检测应包括外观质量、尺寸、硬度、内部缺陷和锈蚀损伤等项目。其检测应符合国家现行标准《建筑工程用索》JG/T 330、《索结构技术规程》JGJ 257、《钢结构工程施工质量验收标准》GB 50205 的规定。

6.2 连接安全性评定

6.2.1 焊缝连接、螺栓连接、铆钉连接的安全性应按承载力和构造两个项目分别评定等级，并取其中的较低等级作为安全性等级。承载力等级可按表 6.2.1 规定评定。

表 6.2.1 连接和节点的安全性评级标准

等级	a_u	b_u	c_u	d_u
连接和节点 $R/(\gamma_0 S)$	≥1.00	<1.00，≥0.95	<0.95，≥0.90	<0.90

注：1 表中 R 为抗力，S 为作用效应，γ_0 为结构重要性系数；
2 吊车梁的疲劳性能，应根据疲劳验算结果、已使用年限和吊车系统的损伤程度进行评级，不受表中数值限制。

6.2.2 焊缝安全性等级按承载力评定时，承载力验算应符合现行国家标准《钢结构设计标准》GB 50017 的规定，当承载力不满足要求时，焊缝的承载力项可直接评为 c_u 或 d_u 级，且应符合下列规定：

1 当焊缝存在均匀锈蚀时，应按实测剩余平均厚度计算承载力；

2 焊缝或热影响区母材出现裂纹或焊缝厚度平均锈蚀量超过10%时，承载力应评定为 d_u 级；

3 焊缝存在锈坑时，承载力项可根据锈坑深度和分布范围评定为 c_u 级或 d_u 级。

6.2.3 焊缝安全性等级按构造评定时，应按表6.2.3规定的内容和评级项，根据其与现行国家标准《钢结构设计标准》GB 50017要求的符合程度、与现行国家标准《钢结构工程施工质量验收标准》GB 50205要求的缺陷偏差程度和损伤的严重程度，综合评定等级。当焊缝存在下列情况之一时，焊缝构造项可评定为 c_u 或 d_u 级：

1 受疲劳作用的焊缝，存在未熔合、咬边、表面夹渣、未焊满缺陷；

2 外观质量低于现行国家标准《钢结构设计标准》GB 50017规定的三级焊缝要求；

3 最小焊脚尺寸或最小焊缝长度不符合现行国家标准《钢结构设计标准》GB 50017的规定；

4 对接焊缝存在内部缺陷，缺陷类型为内部裂纹，或未熔透缺陷深度小于焊缝尺寸70%且缺陷长度大于连接焊缝长度的20%时。

表6.2.3 焊缝连接构造项目的评级

检查项目	评级项
接头	接头形式，接头板拼接偏差，加强焊脚尺寸及偏差，工作状态
外观缺陷	裂缝、锈蚀损伤，未焊满、咬边、电弧擦伤和表面夹渣缺陷
内部缺陷	缺陷类型(未熔透、夹杂、裂缝、气泡)、缺陷长度、缺陷深度
焊缝尺寸	焊缝余高、错边、焊脚尺寸和焊缝高差的尺寸，工作状态

6.2.4 螺栓和铆钉安全性等级按承载力评定时，应符合下列规定：

1 承载力验算应符合现行国家标准《钢结构设计标准》GB

50017 的规定；

2 当普通螺栓和铆钉有松动、变形和锈蚀等损伤时，验算应考虑实际损伤对承载力影响；

3 当高强度螺栓有松动、变形和严重锈蚀等损伤时，高强度螺栓连接失效，其承载力应直接评定为 d_u 级。

6.2.5 螺栓和铆钉连接的安全性等级按构造评定时，应按下列原则进行：

1 螺栓和铆钉与钢板紧固密贴、排列整齐，螺栓丝扣外露数符合现行国家标准《钢结构工程施工质量验收标准》GB 50205 要求，螺栓和铆钉的布置与间距、连接方式符合现行国家标准《钢结构设计标准》GB 50017 要求；无缺陷或仅有局部的表面缺陷，工作无异常，可根据其实际完好程度评定为 a_u 级或 b_u 级；

2 螺栓和铆钉与钢板之间有缝隙，螺栓丝扣外露数不符合现行国家标准《钢结构工程施工质量验收标准》GB 50205 要求，螺栓和铆钉的布置、间距和连接方式不当，构造有明显缺陷，部分螺栓或铆钉有松动、变形、断裂、脱落，连接板有裂纹和变形、滑移、翘曲或部分栓孔挤压破坏，已影响正常工作，可根据其实际严重程度评定为 c_u 级或 d_u 级。

6.2.6 锚具连接的安全性应按规格性能和使用状况两个项目分别评定等级，并应取其中的较低等级作为安全性等级。

6.2.7 锚具连接安全性等级按规格性能评定时，应根据锚具类型按下列规定评定：

1 热铸锚锚具和冷铸锚锚具的规格性能按现行行业标准《高密度聚乙烯护套钢丝拉索》CJ/T 504 要求评定；挤压锚具、夹片锚具的规格性能按国家现行标准《预应力筋用锚具、夹具和连接器》GB/T 14370、《预应力筋用锚具、夹具和连接器应用技术规程》JGJ 85 要求评定；玻璃幕墙拉索压接锚具的规格性能按国家现行标准《建筑幕墙用钢索压管接头》JG/T 201 要求评定；钢拉杆锚具的规格性能按现行国家标准《钢拉杆》GB/T 20934 要求评定；

2　当锚具连接的性能符合相应标准要求时，规格性能等级可根据其符合程度评定为 a_u 级或 b_u 级；当连接的性能不符合标准要求时，规格性能应评定为 c_u 级或 d_u 级。

6.2.8　锚具连接安全性等级按使用状况评定时，应根据外观和使用状况按下列规定评定：

1　当锚具的外观无缺陷，尺寸和硬度符合要求，无缺陷、连接滑动、裂纹和锈蚀损伤，且连接正常时，使用状况等级可根据其实际完好程度评定为 a_u 级或 b_u 级；

2　当锚具有裂纹、缺陷损伤、锈蚀损伤、连接滑动，已影响或显著影响正常工作时，使用状况等级可根据其损伤或缺陷的严重程度评定为 c_u 级或 d_u 级。

6.3　节 点 检 测

6.3.1　钢结构节点可分为构件拼接节点、构件连接节点、支座节点。

6.3.2　钢结构节点检测项应包括下列内容：

1　节点规格，连接板、加劲肋和隔板构造措施；

2　节点定位，与构件、支承的连接方式，连接螺栓规格尺寸与布置，支座销轴和销孔尺寸与布置，节点中心点与连接构件及支承形心线交汇位置偏差；

3　节点与连接的变形或裂纹损伤；

4　节点锈蚀状况；

5　支座移位、沉降，工作状况。

6.4　节点安全性、适用性和耐久性评定

6.4.1　节点的安全性应按承载力和构造两个项目分别评定等级，并应取其中的较低等级作为安全性等级。

6.4.2　节点承载力等级应按本标准表 6.2.1 规定评定。

6.4.3　节点的构造等级，可根据其与现行国家标准《钢结构设计标准》GB 50017 要求的符合程度、与现行国家标准《钢结构

工程施工质量验收标准》GB 50205 要求的缺陷偏差和损伤的严重程度，综合评定等级。

6.4.4 节点适用性等级，应按变形、损伤状况和功能状态分别评定等级，并取其中的最低等级作为适用性等级，评定可按现行国家标准《高耸与复杂钢结构检测与鉴定标准》GB 51008 的规定进行。

6.4.5 节点耐久性等级，可根据本标准第 5.4 节的评定方法评定。

7 钢结构可靠性鉴定

7.1 结构系统详细调查与检测

7.1.1 钢结构地基基础详细调查与检测宜包括下列内容：

1 调查岩土工程勘察报告、有关图纸和沉降观测资料；

2 检查其荷载变化、沉降稳定状况、上部结构倾斜或扭曲、裂损和柱脚连接工作情况；

3 当资料不足或其可信度存疑时，可开挖基础检查验证基础的种类、材料、尺寸及埋深，检查基础变位、开裂、腐蚀或损坏程度，并应通过检测评定基础材料的强度等级；

4 当发现地基有不均匀沉降且勘察资料不足时，可根据现行国家有关标准的规定，对场地地基补充勘察或沉降观测。

7.1.2 上部承重钢结构的详细调查与检测宜包括使用条件详细调查、整体性检查、结构动力性能测试、结构振动测试、结构整体变形检测和监测等。

7.1.3 结构使用条件详细调查应包括下列内容：

1 结构改造与大修历史资料调查，使用中出现的异常情况调查；

2 结构实际荷载与设计荷载的偏差调查。

7.1.4 结构整体性的检查应包括下列内容：

1 结构体系、布置、传力路径、结构整体构造和连接状况检查；

2 支撑系统设置、抗侧力系统布置及传递侧向力的有效性检查。

7.1.5 当需要确定结构振动的原因和影响程度时，应进行结构动力性能测试或结构振动测试，并应按本标准第10.5节的规定进行振动专项鉴定。

7.1.6 当需要确定结构的基础沉降、结构侧移变位、大跨结构挠曲变形时，可进行结构整体变形检测和监测。结构整体变形检测和监测可按国家现行相关标准和本标准第9章的规定进行。

7.1.7 钢结构围护结构检测应包括下列内容：

1 金属板材料力学性能、尺寸规格、涂层厚度及质量状况；

2 连接部件、连接做法和连接状况；

3 破损、锈蚀、变形等使用状况；

4 需要时，可进行抗踩踏性能、动静态抗风揭、水密性、气密性等检测或试验。

7.2 结构系统可靠性鉴定

7.2.1 结构系统可靠性鉴定评级前，应分别对地基基础、上部承重钢结构和围护结构三个结构系统的安全性、适用性和耐久性进行评定。

7.2.2 结构系统安全性、适用性、耐久性和可靠性评级标准应符合表7.2.2-1～表7.2.2-4的规定。

表7.2.2-1 结构系统的安全性评级标准

级别	分级标准	是否采取措施
A_u级	符合国家现行标准的安全性要求，不影响整体安全	不必采取措施，或个别一般构件宜采取适当措施
B_u级	略低于国家现行标准的安全性要求，尚不明显影响整体安全	可不采取措施，或极少数构件应采取措施
C_u级	不符合国家现行标准的安全性要求，影响整体安全	应采取措施，或极少数构件必须立即采取措施
D_u级	极不符合国家现行标准的安全性要求，已严重影响整体安全	必须立即采取措施

表 7.2.2-2 结构系统的适用性评级标准

级别	分级标准	是否采取措施
A_s 级	符合国家现行标准的正常使用要求，在目标工作年限内不影响整体正常使用	不必采取措施，或个别一般构件宜采取适当措施
B_s 级	略低于国家现行标准的正常使用要求，在目标工作年限内尚不明显影响整体正常使用	可能有少数构件应采取措施
C_s 级	不符合国家现行标准的正常使用要求，在目标工作年限内明显影响整体正常使用	应采取措施

表 7.2.2-3 结构系统的耐久性评级标准

级别	分级标准	是否采取措施
A_d 级	符合国家现行标准的耐久性要求，不影响整体安全，可正常使用	不必采取措施，或个别一般构件宜采取适当措施
B_d 级	略低于国家现行标准的耐久性要求，尚不明显影响整体安全，不影响正常使用	可不采取措施，或极少数构件应采取措施
C_d 级	不符合国家现行标准的耐久性要求，或影响整体安全，或影响正常使用	应采取措施，或极少数构件必须立即采取措施

表 7.2.2-4 结构系统的可靠性性评级标准

级别	分级标准	是否采取措施
A 级	符合国家现行标准的可靠性要求，不影响整体安全，可正常使用	不必采取措施或有个别一般构件宜采取适当措施
B 级	略低于国家现行标准的可靠性要求，尚不明显影响整体安全，不影响正常使用	可不采取措施或有极少数构件应采取措施
C 级	不符合国家现行标准的可靠性要求，影响整体安全，或影响正常使用	应采取措施或有极少数构件必须立即采取措施
D 级	极不符合国家现行标准的可靠性要求，已严重影响整体安全，不能正常使用	必须立即采取措施

7.2.3 结构系统的可靠性等级，应根据其安全性等级、适用性等级和耐久性等级评定结果，按下列原则确定：

1 当结构系统的适用性和耐久性等级为 A_s（A_d）级或 B_s（B_d）级时，应按安全性等级确定。

2 当结构系统的适用性或耐久性等级为 C_s（C_d）级、安全性等级为 A_u 级或 B_u 级时，宜定为 B 级或 C 级。

3 位于出入口、人员集中等重要区域的结构系统，可按安全性等级、适用性等级和耐久性等级中的较低等级确定。

7.2.4 地基基础的安全性、适用性等级按下列原则评定：

1 地基基础的安全性等级，宜根据地基变形观测资料和使用现状，或承载能力，按照现行国家标准《工业建筑可靠性鉴定标准》GB 50144 或《民用建筑可靠性鉴定标准》GB 50292 进行评定；

2 地基基础的适用性等级，宜根据上部承重钢结构和围护结构使用状况，按表 7.2.4 规定评定。

表 7.2.4 地基基础的适用性评定等级

评定等级	评定标准
A_s 级	上部承重钢结构和围护结构的使用状况良好，或所出现的问题与地基基础无关
B_s 级	上部承重钢结构和围护结构的使用状况基本正常，结构或连接因地基基础变形有局部或个别损伤
C_s 级	上部承重钢结构和围护结构的使用状况不正常，结构或连接因地基基础变形有大面积损伤

7.2.5 上部承重钢结构的安全性、适用性和耐久性评定时，应根据构件、连接和节点的评定结果，将构件与该构件相关的连接、节点统一合并为构件单元。构件单元的安全性、适用性和耐久性分别取构件、连接和节点中的最低等级。

7.2.6 上部承重钢结构的安全性等级，应按结构整体性与承载功能两个项目评定，并取其中较低等级作为上部承重钢结构的安全性等级。当结构出现过大水平位移或明显振动时，应考虑位移或振动对结构或其中部分结构安全性的影响。

7.2.7 上部承重钢结构的整体性等级评定，可按结构布置与构造、支撑系统与抗侧力系统进行评定，按其与现行国家标准《钢结构设计标准》GB 50017、《工业建筑可靠性鉴定标准》GB 50144等规定的符合性、质量状况、损伤缺陷和实际使用状况进行评定。

7.2.8 上部承重钢结构的承载功能评定，当根据构件单元安全性进行评定时，可按构件单元在结构中的重要性、失效后对结构整体安全性的影响范围与程度，划分为主要构件单元集和一般构件单元集，按下列原则进行等级评定：

1 构件单元集的承载功能等级可按表7.2.8规定确定；

表 7.2.8 构件单元集的承载功能评定等级

集合类别	评定等级	评级标准
主要构件单元集	A_u 级	构件单元的安全性，不含 c_u 级、d_u 级构件单元，含 b_u 级构件单元且不多于30%
	B_u 级	构件单元的安全性，不含 d_u 级构件单元，含 c_u 级构件单元且不多于20%
	C_u 级	构件单元的安全性，含 d_u 级构件单元且少于10%
	D_u 级	构件单元的安全性，含 d_u 级构件单元且不少于10%
一般构件单元集	A_u 级	构件单元的安全性，不含 c_u 级 d_u 级构件单元，含 b_u 级构件单元且不多于35%
	B_u 级	构件单元的安全性，不含 d_u 级构件单元，含 c_u 级构件单元且不多于25%
	C_u 级	构件单元的安全性，含 d_u 级构件单元且少于15%
	D_u 级	构件单元的安全性，含 d_u 级构件单元且不少于15%

注：当结构体系的关键部位和关键支承构件单元存在 c_u 级、d_u 级构件单元时，可不按上述规定评级，根据其失效后果影响程度，该种构件单元集可直接评定为 C_u 级和 D_u 级。

2 上部承重钢结构的承载功能等级宜按主要构件单元集的最低等级确定。当一般构件单元集的最低承载功能等级比主要构件单元集的最低承载功能等级低二级或三级时，上部承重钢结构的承载功能等级可按主要构件单元集的最低承载功能等级降一级或降二级确定。

3 多层钢结构承载功能的等级可按下列规定评定：

1） 可以每层楼板及其下部相连的柱、梁为一个子结构；子结构上的作用除本子结构直接承受的作用外，还应考虑其上部各子结构传到本子结构上的荷载作用；

2） 每个子结构宜按本条 1、2 款的规定确定等级；

3） 多层钢结构承载功能的评定等级可按子结构中的最低等级确定。

7.2.9 上部承重钢结构的承载功能评定，当根据结构承载能力试验结果评定时，应按结构在试验荷载下的响应、结构可靠性要求综合评定。

7.2.10 上部承重钢结构的适用性等级，应按结构使用状况和结构整体变形两项评定，并取其中较低的等级作为结构的适用性等级；承受动荷载或处于振动环境时，尚应考虑振动对该结构正常使用性的影响。

7.2.11 上部承重钢结构的使用状况评定，可将上部承重钢结构划分为若干子系统，按下列原则进行使用状况等级评定：

1 单层钢结构可按屋盖系统、支承系统、吊车梁划分为三个子系统，多层钢结构系统可按层划分子系统；

2 每个子系统的使用状况等级可按表 7.2.11 的原则分别进行评定；

表 7.2.11 子系统的使用状况评定等级

评定等级	评级标准
A_s 级	不含 c_s 级构件单元，可含 b_s 级构件单元且不多于 35%
B_s 级	不含 c_s 级构件单元，且含 b_s 级构件单元多于 35%或可含 c_s 级构件单元且不多于 25%
C_s 级	含 c_s 级构件单元且多于 25%

注：屋盖系统、吊车梁系统包含相关构件和附属设施，如吊车检修平台、走道板、爬梯等。

3　上部承重钢结构使用状况等级按子系统中的最低使用状况等级确定。

7.2.12　上部承重钢结构的适用性等级按整体变形评定时，可按现行国家标准《钢结构设计标准》GB 50017 等的限值要求的符合性和对使用的影响程度，按表 7.2.12 综合评定。

表 7.2.12　结构整体变形影响的上部承重钢结构的适用性评定等级

评定等级	评级标准
A_s 级	整体变形满足国家现行相关标准限值要求，不影响正常使用
B_s 级	整体变形超过国家现行相关标准限值要求，尚不明显影响正常使用
C_s 级	整体变形超过国家现行相关标准限值要求，对正常使用有明显影响

注：当结构整体变形过大达到 C_s 级标准的严重情况时，尚应考虑整体变形引起的附加内力对结构承载能力的影响，并参与相关结构的承载功能等级评定。

7.2.13　上部承重钢结构的耐久性评定，应根据组成结构系统的构件单元耐久性等级，按表 7.2.13 进行评定。

表 7.2.13　上部承重钢结构的耐久性评定等级

评定等级	评级标准
A_s 级	有 b_s 级构件单元，且不多于 30%
B_s 级	有 c_s 级构件单元，且不多于 30%
C_s 级	有 c_s 级构件单元，且多于 30%

7.2.14　围护结构系统安全性等级可依据现行国家标准《工业建筑可靠性鉴定标准》GB 50144、《民用建筑可靠性鉴定标准》GB 50292、《高耸与复杂钢结构检测与鉴定标准》GB 51008 的规定进行评定；适用性和耐久性等级宜按《高耸与复杂钢结构检测与鉴定标准》GB 51008 规定进行评定，且宜符合下列原则：

1　围护结构的安全性等级，应按围护结构的承载功能和构造连接两个项目进行评定，并取两个项目中较低的评定等级作为该围护结构的安全性等级，承载功能亦可根据试验结果进行评定；

2 围护结构的适用性等级，应根据围护结构的使用状况、围护结构系统的使用功能两个项目评定，并取两个项目中较低评定等级作为该围护结构的适用性等级；

3 围护结构的耐久性等级，应根据围护结构的锈蚀状况、防腐涂层或外包裹防护质量状况两个项目评定，并取两个项目中较低评定等级作为该围护结构的耐久性等级。

7.3 鉴定单元可靠性鉴定

7.3.1 钢结构的可靠性评定，可根据结构形式、状况或区域划分鉴定单元，并分别按鉴定单元进行评定。

7.3.2 鉴定单元的可靠性评级标准应符合表 7.3.2 的规定。

表 7.3.2 鉴定单元的可靠性评级标准

级别	分级标准	是否采取措施
一级	符合国家现行标准的可靠性要求，不影响整体安全，可正常使用	可不采取措施不必采取措施或有极少数一般构件宜采取适当措施
二级	略低于国家现行标准的可靠性要求，尚不明显影响整体安全，不影响正常使用	可有极少数构件应采取措施
三级	不符合国家现行标准的可靠性要求，影响整体安全，或影响正常使用	应采取措施，可能有极少数构件应立即采取措施
四级	极不符合国家现行标准的可靠性要求，已严重影响整体安全，不能正常使用	必须立即采取措施

7.3.3 鉴定单元的可靠性等级，应根据地基基础、上部承重钢结构和围护结构的可靠性等级评定结果，按下列原则确定：

1 当围护结构与地基基础和上部承重钢结构的可靠性等级相差不大于一级时，可按地基基础和上部承重钢结构中的较低可靠性等级作为该鉴定单元的可靠性等级；

2 当围护结构可靠性等级比地基基础和上部承重钢结构中的较低等级低二级时，可按地基基础和上部承重钢结构中的较低可靠性等级降一级作为该鉴定单元的可靠性等级；

3 当围护结构可靠性等级比地基基础和上部承重钢结构中的较低等级低三级时，可按地基基础和上部承重钢结构中的较低可靠性等级再降低一级或降低二级后作为该鉴定单元的可靠性等级。

7.3.4 鉴定单元的安全性等级，应根据地基基础、上部承重钢结构和围护结构的安全性评定等级，按下列原则确定：

1 当围护结构与地基基础和上部承重钢结构的等级相差不大于一级时，可按地基基础和上部承重钢结构中的较低安全性等级作为该鉴定单元的安全性等级；

2 当围护结构比地基基础和上部承重钢结构中的较低安全性等级低二级时，可按地基基础和上部承重钢结构中的较低安全性等级降一级作为该鉴定单元的安全性等级；

3 当围护结构比地基基础和上部承重钢结构中的较低安全性等级低三级时，按地基基础和上部承重钢结构中的较低安全性等级再降低一级或降低二级后作为该鉴定单元的安全性等级。

8 钢结构抗震鉴定

8.1 一般规定

8.1.1 钢结构的抗震设防烈度，应按现行国家标准《建筑抗震设计规范》GB 50011 的规定确定。

8.1.2 钢结构的抗震设防类别应按现行国家标准《建筑工程抗震设防分类标准》GB 50223 的规定确定。

8.1.3 钢结构的抗震鉴定应明确后续工作年限，后续工作年限应根据可靠性鉴定结果以及使用功能要求综合确定，后续工作年限不应少于剩余设计工作年限。根据不同的后续工作年限，进行相应的鉴定。

8.1.4 钢结构的抗震鉴定根据后续工作年限的不同分为 A、B、C 三类：

1 A 类后续工作年限为 30 年以内（含 30 年）；

2 B 类后续工作年限为 30 年以上 40 年以内（含 40 年）；

3 C 类后续工作年限为 40 年以上 50 年以内（含 50 年）。

8.1.5 钢结构抗震鉴定可以采用常规鉴定方法，也可以采用基于性能的抗震鉴定方法。

8.1.6 不同后续工作年限的既有钢结构，抗震鉴定应符合下列要求：

1 A、B 类钢结构，可采用折减的地震作用进行抗震承载力和变形验算，可采用现行设计标准调低的抗震措施进行核查，但不应低于建造时的抗震设计要求；

2 C 类钢结构，应按现行国家或行业抗震设计标准的要求进行抗震鉴定。

8.1.7 抗震鉴定不满足要求的钢结构，宜提出相应的维修、加固、改造或更新等处理措施。

8.2 抗震鉴定方法

8.2.1 钢结构抗震鉴定应包括抗震措施核查和抗震验算两项内容。

8.2.2 钢结构抗震措施核查应符合下列要求：

1 C类钢结构的抗震措施应符合现行国家标准的规定；

2 A、B类钢结构的抗震措施可略低于现行国家标准的抗震措施要求。

8.2.3 钢结构材料性能应符合下列规定：

1 钢材的实测屈服强度、屈强比、伸长率应符合现行国家标准《建筑抗震设计规范》GB 50011 的规定；

2 钢材的冲击韧性应满足其最低工作环境温度值时的性能要求；

3 沿板厚方向受拉力的厚钢板（厚度 t 不小于 40mm），应满足现行国家标准《钢结构设计标准》GB 50017 对 Z 向性能的要求。

8.2.4 场地与地基抗震措施核查应包括场地类别、危险性、地震稳定性、地震液化及沉陷影响。对于静载下已出现严重缺陷的地基基础，应核算其承载力。

8.2.5 主体结构抗震措施核查，应包括下列内容：

1 结构体系和结构布置；

2 结构的规则性；

3 结构构件材料的实际强度；

4 结构构件的长细比、宽厚比；

5 构件及节点连接；

6 非结构构件与承重结构连接的构造；

7 围护结构及局部易掉落部位连接的可靠性。

8.2.6 钢结构抗震验算应包括多遇地震作用下的承载力和结构变形验算分析。在下列情况下，还应包括罕遇地震作用下的钢结构弹塑性变形验算分析：

1 下列钢结构应进行弹塑性变形验算分析：

1）高度大于 150m 的钢结构；

2）特殊设防类（甲类）和 9 度区的重点设防类（乙类）钢结构；

2 下列钢结构宜进行弹塑性变形验算分析：

1）高度为 50m～150m 的钢结构；

2）竖向特别不规则的钢结构；

3）7 度Ⅲ、Ⅳ类场地和 8 度区的重点设防类（乙类）钢结构。

8.2.7 钢结构水平地震作用下的抗震验算，应至少验算两个主轴方向。

8.2.8 地震作用和作用效应计算应符合下列规定：

1 钢结构抗震承载力验算，应采用现行有关标准规定的方法。

2 钢结构的抗震承载力及变形验算的地震影响系数，可根据其后续工作年限对现行国家标准规定值的地震影响系数进行调整，调整后的数值不应低于原建造时抗震设计要求的相应值。地震影响系数的调整系数可按表 8.2.8 采用。

表 8.2.8 不同后续工作年限的地震影响系数的调整系数

后续工作年限(年)	30	40	50
调整系数	0.80	0.90	1.00

注：1 按时程分析法计算时，其地震加速度时程曲线的最大值亦可根据本表的规定进行调整；

2 后续工作年限非表中数值时，调整系数可按表中较高取值计算，小于 30 年时可按 30 年采用；

3 甲类、乙类钢结构进行抗震承载力验算时，调整系数宜取 1.0。

3 8 度、9 度时的大跨度、长悬臂及 9 度时的高层结构、高耸结构，应进行竖向地震作用验算。竖向地震影响系数最大值和竖向地震作用系数可按表 8.2.8 的规定进行调整。

4 罕遇地震下的弹塑性抗震变形验算时，应符合现行国家标准《建筑抗震设计规范》GB 50011 和《构筑物抗震设计规范》GB 50191 的有关规定，地震影响系数和加速度可按表 8.2.8 的规定进行调整。

8.2.9 多遇地震作用下构件和节点的抗震承载力应符合下式要求：

$$S \leqslant \Psi R / \gamma_{RE} \tag{8.2.9}$$

式中 S——地震作用效应组合设计值；

R——结构构件抗震承载力；

Ψ——抗震体系与构造调整系数；

γ_{RE}——结构构件承载力的抗震调整系数，按现行国家标准的规定选用。

8.2.10 抗震体系与构造调整系数 Ψ 的取值，当结构的整体规则性及连接构造措施均满足要求时，对 A 类钢结构，Ψ 可取 1.0～1.1；对 B 类钢结构，Ψ 可取 1.0；当不满足结构的整体规则性和连接构造措施要求时，Ψ 可取 0.8～0.9，当多项条件不满足时，Ψ 可取 0.8；对于 C 类钢结构，Ψ 取 1.0。

8.2.11 多遇地震作用下，结构的弹性层间位移或挠度应按下式进行验算：

$$\Delta u_e / h \leqslant [\theta_e] \tag{8.2.11}$$

式中 Δu_e——多遇地震作用标准值产生的楼层内最大弹性层间位移，对于大跨度与空间钢结构为最大挠度；

$[\theta_e]$——弹性层间位移角限值，对于大跨度与空间钢结构，为相对挠度限值，其他独立钢结构为整体倾角；

h——计算楼层层高，或单层结构柱高，或独立结构高度，或大跨度结构短向跨度。

8.2.12 罕遇地震作用下，钢结构的变形应按下式进行验算：

$$\Delta u_p / h \leqslant [\theta_p] \tag{8.2.12}$$

式中 Δu_p——罕遇地震作用标准值产生的最大弹塑性层间位移；

$[\theta_p]$——弹塑性层间位移或整体倾角限值。

8.2.13 多遇地震作用下结构的弹性层间位移或挠度限值以及罕遇地震作用下钢结构的变形限值应符合现行国家标准的要求。

8.2.14 钢结构综合抗震性能可按下列规定进行评定：

1 下列情况之一可鉴定为抗震性能满足：

1) 抗震措施核查与抗震验算均鉴定为满足；

2) 抗震措施中的整体布置鉴定为满足，抗震构造措施鉴定为不满足，但抗震验算为满足。

2 下列情况之一，应鉴定为抗震性能不满足：

1) 抗震措施鉴定中的整体布置鉴定为不满足；

2) 抗震验算为不满足。

8.3 基于性能的抗震鉴定方法

8.3.1 当采用基于性能的评定方法进行抗震鉴定时，应分别对三个水准下的抗震性能进行鉴定。

8.3.2 钢结构的抗震性能目标应按表 8.3.2-1 分为 A、B、C、D 四个等级。抗震目标所对应的五个性能水准应符合表 8.3.2-2 的要求。

8.3.3 进行性能化抗震鉴定时，可根据委托方要求或者双方协商确定性能目标，一般钢结构整体抗震性能不应低于性能目标 D，甲、乙类等重要钢结构整体抗震性能目标不应低于性能目标 B，并不宜低于现行国家标准《钢结构设计标准》GB 50017 规定的最低等级。

表 8.3.2-1 钢结构抗震鉴定的性能目标

地震影响	抗震目标等级			
	A	B	C	D
多遇地震	1	1	1	1
设防地震	1	2	3	4
罕遇地震	2	3	4	5

表 8.3.2-2 钢结构抗震鉴定的性能水准

性能水准	宏观损坏程度	损坏部位			继续修理使用的可能性
		普通竖向构件	关键构件	耗能构件	
1	完好、无损坏	无损坏	无损坏	无损坏	一般不需修理即可继续使用
2	基本完好，轻微损坏	无损坏	无损坏	轻微损坏	稍加修理即可继续使用
3	轻度损坏	轻微损坏	轻微损坏	轻度损坏、部分中度损坏	一般修理后才可继续使用
4	中度损坏	部分构件中度损坏	轻度损坏	中度损坏、部分比较严重损坏	修复或加固后才可继续使用
5	比较严重损坏	部分构件比较严重损坏	中度损坏	比较严重损坏	需排险大修

注：“普通竖向构件”是指“关键构件”之外的竖向构件；“关键构件”是指该构件的失效可能引起结构的连续破坏或危及整体安全的严重破坏；“耗能构件”包括框架梁、剪力墙连梁及耗能支撑等。

8.3.4 钢结构性能化抗震鉴定可包括整体结构性能评价及各类构件的性能评价。

8.3.5 进行钢结构抗震性能化鉴定时，应按现行国家标准《建筑抗震设计规范》GB 50011 采用与建筑场地类别相匹配的多遇地震、设防地震和罕遇地震动参数，根据各水准地震动下的结构响应计算结果进行评定。

8.3.6 抗震性能化分析宜采用三维计算模型，多遇地震下的抗震计算应满足现行国家标准《建筑抗震设计规范》GB 50011 的规定。设防地震和罕遇地震下的计算宜采用静力弹塑性或动力弹塑性分析方法。

8.3.7 钢结构整体性能水准可按表 8.3.7 的标准进行评定。

表 8.3.7 钢结构整体损坏等级判别标准

性能水准	1	2	3	4	5
最大层间位移角	≤1/300	1/300<，≤1/200	1/200<，≤1/100	1/100<，≤1/55	1/55<，<1/30

8.3.8 多遇地震、设防地震和罕遇地震下的计算结果均满足相应的性能水准要求时，可评定为抗震性能满足性能目标要求，否则，其抗震性能均评为不满足性能目标要求。

9 钢结构监测

9.1 一 般 规 定

9.1.1 钢结构监测可分为施工监测与使用监测。需要分别进行施工监测和使用监测时，应统筹进行两个阶段的监测。

9.1.2 监测前应制订监测方案，在建钢结构施工监测方案宜与钢结构施工组织设计协商制订。

9.2 监测参数与测点布置

9.2.1 监测参数可分为环境荷载作用参数与结构响应参数，应依据监测目的、结构控制要求与可测性选择。

9.2.2 环境与荷载作用参数宜选择与相应荷载规范一致的特征代表值，也可选择可测且能反映其分布的特征值。

9.2.3 结构响应监测参数可按下列原则选择：

1 结构响应监测参数和测点数量应在对各施工荷载工况作用下响应计算分析的基础上综合选择；

2 结构整体变形宜选择位移、倾斜、支座滑移为监测参数，构件变形宜根据变形特征选择截面位移和转角为监测参数；

3 应力监测宜选择相应的应变为监测参数，内力监测宜选择截面多个特征点应变作为监测参数，索力监测可选择索振动频率、索应变、索端压力环应变作为监测参数；

4 结构动态监测可选择动态（模态）特征点的加速度、速度、动位移、动应变为参数。

9.2.4 环境与荷载作用监测点宜布置在监测参数的空间分布和时域变化特征点处，测点数量应能满足参数特征统计与结构验算分析要求。地震动监测点应布置在基础顶面。

9.2.5 结构响应监测点数量与布置宜符合下列原则：

1 结构变形监测点宜在变形极值点处布置，测点数量应满足结构构件变形形态拟合和结构计算分析的需要；

2 当采用应变参数监测截面内力时，应变测点数量与位置应满足截面内力积分计算需要，并宜采取对称布置措施，以消除环境与次要因素干扰的影响；构件局部应力状态监测时，宜沿主应力方向或构件几何坐标方向布置应变传感器；

3 动态响应监测点宜布置在结构振动模态位移极值处，测点最少数量应满足所截取的最高阶模态特征拟合要求；

4 施工监测点宜在施工荷载工况下响应的极值或特征点处布置，对施工中出现内力变号或短期超过结构安全预警值的构件，应布置相应测点。

9.2.6 监测点位置宜便于安装、连接、维护和更换；监测点数量和布置应有冗余量，重要参数与重要部位宜增加测点。

9.3 监测系统

9.3.1 传感方式应依据监测参数要求的量程、线性度、分辨力、精度、动态频响范围、现场条件和经济性综合确定，传感器在监测期内的传感信号应稳定可靠。

9.3.2 监测仪器及系统在监测现场环境下应能稳定运行，长期性能指标应满足监测期要求，并宜具有兼容性和可扩展性。

9.3.3 监测系统数据采集速率应能覆盖监测参数时域变化极值点，动态数据采样速率宜大于参数最高特征频率的5倍。

9.3.4 监测系统包含多种传感子系统时，各传感子系统的数据采集和数据传输应相互独立。监测系统电源电压应稳定可靠，监测仪器与信号传输线应具有屏蔽干扰功能。监测信号导线、仪器与周边干扰源之间的距离宜符合有关标准要求，或经现场测试可满足监测要求。

9.3.5 自动监测系统软件至少应包含数据采集、数据存储、数据处理、数据统计显示和报警功能。

9.3.6 监测传感器安装前，应对其性能、环境适用性进行标定测试。

9.3.7 监测仪器安装应牢固可靠，并应有消除或减少环境干扰的措施和防护的功能。监测仪器放置位置宜选择环境温度变化小、干燥、电磁干扰小、方便维护、无使用干扰的场所。

9.4 监测要求

9.4.1 监测开始前应进行以下准备工作：

1 对监测系统进行调试，系统工作正常后方可进行监测；

2 对监测传感器进行初始数据采集或零平衡处理，并应设置监测初始状态数据，当有条件时，宜在监测前或监测期间对系统进行现场标定；

3 应检查并记录监测初始状态对应的结构环境荷载与结构技术状况信息。

9.4.2 施工监测数据采集频次可按工程进度要求设定，在结构荷载或施工工序发生变化时均应进行数据采集；使用监测宜统一设置数据采集频次，对于台风、爆破和地震偶然作用工况，宜采用触发启动数据采集机制。

9.4.3 监测中应建立原始记录档案或数据库，当采用人工读取数据时，除记录读取数据外，还应记录读取时间、环境作用状况和结构外观状况信息。

9.4.4 监测期间应及时对监测原始数据进行分析和处理。

9.4.5 监测数据异常时，应对异常测点传感器及监测子系统进行排查。当数据异常为监测系统故障或缺陷原因时，应对监测系统进行维护或完善；否则，应对荷载作用变化、结构变形或损伤进行排查，并应按下列规定进行处理：

1 当数据异常原因确定，且数据极值和变化未超报警值时，可继续进行监测，且宜提高采用频次和加强现场巡视检查；

2 当数据异常原因暂时无法确定，且数据极值和变化未超报警值时，可采取实时采样机制，并宜对结构进行详细检查、检测和分析验算，且应分析评估数据异常原因和结构安全性；

3 当数据极值和变化达到或超出报警值时，应报警并启动应急预案。

9.4.6 监测期间应对监测系统的工作状况进行巡视检查与系统维护。

9.5 监测数据评估

9.5.1 可依据监测数据进行设计符合性、施工偏差影响和结构状态评估。

9.5.2 监测数据评估可采用在线或离线方式，亦可采用在线与离线相结合的方式。

10 专项检测与鉴定

10.1 钢构件断裂

10.1.1 钢构件断裂可分为延性断裂、脆性断裂和疲劳断裂。钢构件出现断裂时，应对其进行专项检测与鉴定。

10.1.2 钢构件断裂检测应包括断裂状况检查检测、断裂区域材料性能检验和断口周围应力检测。

10.1.3 钢构件断裂状况可采用辅以放大镜的裸眼观察、金相分析和探伤检测，材料性能应采用取样试验。断口周围应力可根据断裂前荷载调查结果经结构分析计算确定。

10.1.4 钢构件断裂的专项鉴定应包括下列内容：

1 发生断裂的原因分析；

2 根据断裂破坏原因，分析评估结构其他构件存在类似缺陷隐患的可能性、范围和程度；

3 提出断裂后的结构加固和处理建议。

10.2 防 腐 涂 层

10.2.1 下列情况下，应对钢结构防腐涂层进行专项检测与评定：

1 在建钢结构防腐涂层质量有缺陷或争议时；

2 既有钢结构使用环境具有较大腐蚀性时；

3 钢结构防腐涂装在使用10年后，户外钢结构在使用5年后。

10.2.2 钢结构防腐涂层检测应包括钢构件及节点连接部位的基层表面除锈质量、涂层外观质量、涂层完整性和涂层厚度等。

10.2.3 在建钢结构防腐涂层质量及防腐涂层干漆膜总厚度应按照现行国家标准《钢结构工程施工质量验收标准》GB 50205 的

规定进行检测与评定。

10.2.4 既有钢结构防腐涂层应满足使用及耐久性要求，应按照现行国家标准《钢结构现场检测技术标准》GB/T 50621 及本标准的有关规定进行检测与评定。

10.3 防火涂层

10.3.1 下列情况下，应对钢结构防火涂层进行专项检测与评定：

1 新建钢结构防火涂层质量有缺陷或争议时；

2 一般钢结构防火涂装在使用 5 年后，户外钢结构在使用 3 年后；

3 既有钢结构使用环境存在高温条件时；

4 钢结构受火灾损伤后。

10.3.2 钢结构防火涂层检测应包括钢构件及节点连接部位的涂层外观质量、涂层完整性、涂层厚度等。

10.3.3 钢结构防火涂层粘结强度和抗压强度应符合现行国家标准《钢结构防火涂料》GB 14907 的规定。

10.3.4 钢结构防火涂层厚度应符合现行国家标准《钢结构工程施工质量验收标准》GB 50205 的要求。

10.3.5 既有钢结构防火涂层检测与评定应符合现行国家标准《钢结构现场检测技术标准》GB/T 50621 的规定，并满足设计要求。

10.4 拉杆、拉索

10.4.1 钢结构拉杆、拉索应定期进行检测与评定。

10.4.2 钢拉杆及拉索应检测下列缺陷与损伤：

1 拉索断丝或松弛；

2 拉杆、拉索节点锚具破损、裂纹、拉索滑移及局部变形；

3 锚基渗水裂缝；

4 防护套（罩）的缺陷损伤；

5　腐蚀环境及现状。

10.4.3　钢结构拉杆、拉索构件的安全性，应根据检测结果并考虑目标工作年限内松弛、徐变、环境温度、腐蚀及疲劳因素的影响，通过计算分析评定。

10.5　钢结构振动

10.5.1　下列情况下，应对钢结构振动进行专项检测与评定：

1　钢结构振动影响使用或结构安全，振动超过现行国家标准《建筑工程容许振动标准》GB 50868 的规定或相应专业振动标准的要求；

2　钢结构的整体或局部产生超过设计要求的不利动荷载效应。

10.5.2　当需要了解建筑物的长期安全和健康状况时，应进行定期振动检测或长期振动监测。

10.5.3　钢结构振动检测的内容应包括外加激振作用、结构动态特性以及结构动力响应。

10.5.4　振动测试可采用现行国家标准《高耸与复杂钢结构检测与鉴定标准》GB 51008 规定的方法。

10.5.5　钢结构振动检测应包括地基动态特性、周边动力源等环境状况的调查与检查。

10.5.6　钢结构振动评价应符合现行国家标准《建筑工程容许振动标准》GB 50868 和《高耸与复杂钢结构检测与鉴定标准》GB 51008 的相关规定。

10.6　钢构件疲劳性能

10.6.1　直接承受动力荷载的钢构件及其连接，在设计工作年限内应定期进行疲劳损伤检测。

10.6.2　钢结构疲劳检测的位置应重点关注构件上应力幅较大、构造复杂、应力集中、出现裂纹的部位。

10.6.3　疲劳损伤可采用辅以放大镜的目测检查，以及磁粉、渗透或超声波探伤检测。

10.6.4 评估构件的疲劳性能时，应进行荷载调查，并确定其实际应力谱。应力谱可由结构或构件控制部位的应力-时间变化曲线得到。

10.6.5 下列条件下的钢结构构件及其连接的疲劳评定，应经过专门的试验确定：

1 构件表面温度高于150℃；

2 处于海水腐蚀环境；

3 焊后经热处理消除残余应力；

4 构件处于低周-高应变疲劳状态。

10.6.6 疲劳性能评定可按照现行国家标准《工业建筑可靠性鉴定标准》GB 50144有关规定执行。

10.7 灾后钢结构性能

10.7.1 钢结构在遭受地震、火灾、风灾、爆炸等灾害后，应进行灾后应急评估和钢结构性能检测评定。

10.7.2 钢结构灾后性能检测评定应在消除隐患后进行，以保证灾后结构及检测人员安全。

10.7.3 火灾后，钢结构应按照现行行业标准《火灾后工程结构鉴定标准》T/CECS 252的有关规定进行检测与评定。

10.7.4 风灾后钢结构性能的检测评定，除应检测主体结构外，尚应检测围护结构及辅助设施等非结构构件。

10.7.5 水灾后钢结构应检测因浸泡软化造成的地基承载力降低及整体变形，以及由此引起的上部结构 P-Δ 二阶效应影响。

10.7.6 当钢结构应急评估后尚存在潜在的安全隐患或其他构造缺陷时，应及时进行安全性鉴定。

10.8 钢结构现场性能检验

10.8.1 钢结构性能的现场荷载试验检验可分为承载力检验和使用性能检验。现场性能试验检验应包括动力测试及静力试验。

10.8.2 下列情况下，宜根据现场条件进行结构性能检验：

1 无法确定预应力损失的预应力钢结构；

2 资料不全，结构状况复杂，现有技术手段无法对其性能进行验算和评估的结构；

3 采用新结构、新材料、新工艺的结构；

4 施工荷载引起结构应力超过屈服强度和非弹性变形，且无法确认其影响程度的结构。

10.8.3 当需要通过结构构件荷载试验检验其承载性能和使用性能时，应按现行国家标准《建筑结构检测技术标准》GB/T 50344 及相关标准的规定进行试验。

10.8.4 结构性能现场试验应符合以下规定：

1 试验仪器设备应符合结构试验精度及量程的要求，并应在检定校准周期内；

2 受检构件或部位应具有代表性，且宜处于荷载较大、缺陷较多的部位；

3 受检构件试验结果应能反映结构的受力特点；

4 应采用分级加载方式进行试验。

10.8.5 现场试验不应对结构安全性和正常使用功能产生明显影响。

10.8.6 承载力检验的结果评定，应保证结构或构件的任何部分在检验荷载作用下，不出现屈曲破坏或断裂破坏；检验荷载卸载后，结构或构件的残余变形不应超过总变形的 20%。

10.8.7 使用性能检验的结果评定，应保证结构或构件的变形不超过设计要求。

本标准用词说明

1 为便于在执行本标准条文时区别对待，对要求严格程度不同的用词，说明如下：

1） 表示很严格，非这样做不可的：

正面词采用“必须”，反面词采用“严禁”；

2） 表示严格，在正常情况下均应这样做的：

正面词采用“应”，反面词采用“不应”或“不得”；

3） 表示允许稍有选择，在条件许可时，首先应这样做的：

正面词采用“宜”，反面词采用“不宜”；

4） 表示有选择，在一定条件下可以这样做的，采用“可”。

2 本标准中指明应按其他有关标准、规范执行的写法为“应符合……的规定”或“应按……执行”。

引用标准名录

1 《钢结构防火涂料》GB 14907
2 《建筑结构荷载规范》GB 50009
3 《建筑抗震设计规范》GB 50011
4 《钢结构设计标准》GB 50017
5 《冷弯薄壁型钢结构技术规范》GB 50018
6 《建筑抗震鉴定标准》GB 50023
7 《建筑结构可靠性设计统一标准》GB 50068
8 《工业建筑可靠性鉴定标准》GB 50144
9 《构筑物抗震鉴定标准》GB 50117
10 《工程结构可靠性设计统一标准》GB 50153
11 《构筑物抗震设计规范》GB 50191
12 《钢结构工程施工质量验收标准》GB 50205
13 《建筑工程抗震设防分类标准》GB 50223
14 《民用建筑可靠性鉴定标准》GB 50292
15 《钢结构焊接规范》GB 50661
16 《建筑工程容许振动标准》GB 50868
17 《高耸与复杂钢结构检测与鉴定标准》GB 51008
18 《工程结构通用规范》GB 55001
19 《建筑与市政工程抗震通用规范》GB 55002
20 《钢结构通用规范》GB 55006
21 《既有建筑鉴定与加固通用规范》GB 55021
22 《钢铁及合金化学分析方法》GB/T 223
23 《金属材料 拉伸试验 第 1 部分：室温试验方法》GB/T 228.1
24 《金属材料 夏比摆锤冲击试验方法》GB/T 229

25 《金属材料 弯曲试验方法》GB/T 232

26 《钢结构用高强度大六角头螺栓、大六角螺母、垫圈技术条件》GB/T 1231

27 《焊接接头弯曲试验方法》GB/T 2653

28 《钢结构用扭剪型高强度螺栓连接副》GB/T 3632

29 《厚度方向性能钢板》GB/T 5313

30 《金属显微组织检验方法》GB/T 13298

31 《预应力筋用锚具、夹具和连接器》GB/T 14370

32 《钢网架螺栓球节点用强度螺栓》GB/T 16939

33 《钢铁 总碳硫含量的测定 高频感应炉燃烧后红外吸收法（常规方法）》GB/T 20123

34 《钢拉杆》GB/T 20934

35 《建筑结构检测技术标准》GB/T 50344

36 《钢结构现场检测技术标准》GB/T 50621

37 《混凝土结构现场检测技术标准》GB/T 50784

38 《预应力筋用锚具、夹具和连接器应用技术规程》JGJ 85

39 《索结构技术规程》JGJ 257

40 《建筑幕墙用钢索压管接头》JG/T 201

41 《建筑工程用索》JG/T 330

42 《火灾后工程结构鉴定标准》T/CECS 252

43 《高密度聚乙烯护套钢丝拉索》CJ/T 504

团 体 标 准

钢结构检测与鉴定通用标准

T/CSCS 036－2023

条 文 说 明

编 制 说 明

根据中国钢结构协会下达的《关于发布中国钢结构协会2020年第一批团体标准编制计划的通知》（中钢构协〔2020〕第10号），中冶检测认证有限公司、同济大学、中冶建筑研究总院有限公司、哈尔滨工业大学会同国内检测鉴定机构、高校、施工、钢构制造单位多名专家共同完成了本标准的编制。

在编制工程中，编制组对我国钢结构发展状况、既有钢结构使用状况进行了调查研究，对钢结构检测鉴定技术进步的成果、应用和经验进行了汇集和总结。参考了国外相关技术标准，并与国内相关技术标准进行了协调。编制组主要成员为多年从事检测鉴定的专家，经验丰富，因此，本标准更有实用性和可操作性。本标准可适用于各类钢结构的检测鉴定，同时对中国钢结构协会的钢结构检测鉴定系列标准编制具有指导意义。

为便于广大检测鉴定、设计、施工、钢构制造、科研、学校等单位有关人员在使用本标准时能正确理解和执行条文规定，本标准按章、节、条顺序编制了条文说明，对条文规定的目的、依据以及执行中需注意的有关事项进行了说明。本条文说明不具备与标准正文同等的法律效力，仅供使用者理解和把握标准规定的参考。

目　次

1 总　　则

1.0.1 目前，我国关于既有钢结构的检测、监测与鉴定的标准缺乏独立统一的通用要求和规定，且很多检测与鉴定工作尚不规范，实际工程中多参照既有混凝土结构或砖石结构检测、监测与鉴定的技术方法，难以准确得到既有钢结构的真实健康状态与受力状态，直接影响对既有钢结构性态的评定和后续建设发展。为了统一规范既有钢结构的检测、监测与鉴定工作流程、实施方法、评定标准，保障钢结构安全使用，研究制定本通用标准。

1.0.2 本标准主要针对既有钢结构的检测、监测与鉴定，在建钢结构的质量应按照现行国家标准《钢结构工程施工质量验收标准》GB 50205 检验，当施工质量检验有异议或争议时，可参照本标准检测鉴定。

3 基本规定

3.1 基本要求

3.1.1 为保障在建钢结构工程质量和既有钢结构使用期间的正常使用和安全性，应进行相应的检测、监测和鉴定工作。本条所涉及的钢结构的检测、监测和鉴定主要分成两大类，即在建钢结构安装施工期间的质量和既有钢结构使用维护期间的结构性能检测、监测和鉴定。

3.1.2 本条明确了本标准涵盖的主要工作类型，为在建钢结构和既有钢结构两类。其中，既有钢结构鉴定包括安全性、适用性、耐久性和可靠性鉴定，专项鉴定包括因维修改造专门要求、耐久性损伤影响其耐久年限、风灾、雪灾、爆炸等特殊荷载作用下的结构的鉴定。钢结构监测也是配合强制性标准的要求，对于复杂的钢结构，应进行专项的施工期间以及使用期间的结构应力、位移等响应的监测。

3.1.3 在钢结构检测、监测和鉴定工作开始前，应根据检测、监测、鉴定目的、对象制订详细方案，并依据方案开展工作；本条也同时强调，在编制方案前，应查阅与结构相关的设计、验收、维护使用、改造等资料，也应对结构现场环境、使用状况、结构体系和外观等进行初步调查。

3.2 钢结构检测

3.2.1 本条规定了在建钢结构工程应进行检测的情况，但并不能替代正常安装施工过程中进行的检测活动。一般情况下，在建钢结构工程的施工质量检测应按现行国家标准《钢结构工程施工质量验收规范》GB 50205 相关条文进行。

3.2.2 本条对既有钢结构需要进行结构状况检测的情况进行了

总体规定，一般根据现行国家标准《民用建筑可靠性鉴定标准》GB 50292、《工业建筑可靠性鉴定标准》GB 50144、《建筑抗震鉴定标准》GB 50023 中规定的鉴定需要进行检测。当需要为钢结构大修、扩建、加固改造和耐久性处理设计提供结构状况和设计参数时，应对既有钢结构进行相应检测；钢结构使用中出现异常现象（变形、损伤或异常振动）时，应及时对结构进行检测；钢结构在使用维护或遭受灾害后，也应对钢结构状况进行检测。

3.2.4 既有钢结构的检测目的、范围和内容应与委托方协商后确定，可以是局部或者整体；了解结构的状况和收集有关资料，不仅有利于较好地制订检测方案，而且有助于确定检测的内容和重点。现场调查主要是了解被检测钢结构的现状缺陷或使用期间的加固维修以及用途和荷载等变更情况。有关的资料主要是指钢结构的设计图纸、竣工图、设计变更、施工记录和验收资料、加固图和维修记录等。当缺乏有关资料时，应向有关人员进行调查。当建筑结构受到灾害或邻近工程施工的影响时，尚应调查钢结构受到损伤前的情况。

3.2.5 检测抽样方案包括抽样数量和抽样位置，根据工程经验，检测前，应首先对结构整体和外观状况进行全数检查，包括结构布置体系、整体构造和连接、外观状况和地基沉降，这些整体检测项应对抽样位置和数量的确定起到重要作用。为验收实施的抽样方案应符合现行国家标准《钢结构工程施工质量验收标准》GB 50205 的规定。第三方检测机构实施的质量检测和既有结构性能检测宜符合本标准第 3 章计数抽样的规定。各类检测在发现问题后，都可以采取加大检测数量的措施。对于既有钢结构现场取样条件受限制的情况，可根据结构施工验收和使用维护资料、现场荷载与损伤状况等，在不遗漏外观状况和损伤检查的前提下，研究确定检测抽样的数量与部位。当按样本最小容量确定的抽样数量不能满足检测需求时，可根据需要补充和调整抽样数量。钢材性能、构件、节点、连接和涂层检测抽样方案可参照现行国家标准《建筑结构检测技术标准》GB/T 50344 的相关规定制订。

3.3 钢结构监测

3.3.1 本条规定了钢结构施工过程中应进行监测的几种情况，其目的是可指导施工工艺控制、施工安全控制和施工质量控制；除本条列出的几种情况外，对超高、大跨、复杂的钢结构工程施工也宜进行监测。

3.3.2 本条规定了既有钢结构在使用期间应进行监测的几种情况，其目的是当存在不利于结构安全的情况时，应进行监测，及时提供结构安全状态信息；同时，通过监测，也可为结构维护和管理提供参考依据。

3.3.3 本条规定了钢结构监测的基本内容，在实际工程中，由于场地条件和监测所针对的范围、对象和重点不同，其工作内容可根据监测要求适当进行增减。

3.3.4 监测主要针对参数或状况的变化进行，监测数据是监测报告的基础，实际工程只需要监测数据和进行符合性判断时，报告一般给出监测参数的时域或频域变化特征；需要依据监测数据进行结构状态及变化的分析或评估时，应给出监测数据分析处理或结构状态评估结论。

3.4 钢结构鉴定

3.4.1 钢结构鉴定一般分为可靠性（含安全性、适用性、耐久性）鉴定、抗震鉴定和专项鉴定；钢结构鉴定必须包括抗震鉴定。根据实际需要，可只进行安全性鉴定和抗震鉴定；钢结构可靠性鉴定，亦可将安全性、适用性与耐久性统一为安全性和使用性，参照现行国家标准《工业建筑可靠性鉴定标准》GB 50144和《民用建筑可靠性鉴定标准》GB 50292按结构的安全性与使用性分别进行鉴定。

3.4.2、3.4.3 为保障钢结构安全使用需要，本标准规定了钢结构应进行鉴定和专项鉴定的几种情况。

钢结构在改变使用用途和环境（如改变结构使用荷载、使用环境变化等）、进行改造或扩建、达到设计工作年限继续使用（结构材料性能变化）、遭受灾害事故后或存在较为严重的质量缺陷或损伤（结构构件的承载能力退化等）等情况下，均会改变结构原设计的条件，影响结构的安全及工作年限。符合这些情况的钢结构都应该进行鉴定。

专项鉴定主要是针对几种特殊情况需要进行的整体或局部鉴定。

3.4.4 既有钢结构的结构分析和校核主要应对承载状态、使用状态进行，包括结构的应力状态、稳定性、整体和局部刚度、位移是否符合现行国家标准的技术要求。

钢结构构件分析与校核所采用的分析方法，应符合现行国家标准《钢结构设计标准》GB 50017 的规定。当受力复杂或现行国家标准没有明确规定时，可根据现行国家标准规定的原则进行分析验算，计算分析模型应符合结构的实际受力和构造状况。结构上作用（荷载）取值、构件材料强度取值应在充分的现场检测、调查基础上确定，构件尺寸、连接节点构造等应与结构现场状态一致，同时应考虑高温、腐蚀等环境变化对于材料性能的影响。

当结构分析条件不充分时，可通过结构构件的荷载试验验证其承载性能和使用性能，结构构件的荷载试验应按相应标准进行，如现行国家标准《建筑结构检测技术标准》GB/T 50344 等。

3.4.5 本条规定了钢结构可靠性鉴定的评定体系，可靠性鉴定采用按照构件单元（含构件、连接与节点）、上部承重钢结构、地基基础、围护结构和鉴定单元的层次逐级对其安全性、适用性、耐久性和可靠性进行验算、分析和评定。

1 钢结构可靠性鉴定评级划分为三个层次，最高层次为“鉴定单元”，中间层次为“结构系统”，最低层次（即基础层次）为“构件单元”，其中，“构件单元”是构件和与其相关联的节点与连接的综合。

2 考虑到地基基础一般为混凝土结构，评定项目内容等与钢结构有许多不同，结构布置和支撑系统属于上部承重钢结构范畴并起到加强整体性的作用，所以将地基基础与上部承重钢结构分开，将结构布置和支撑系统归入上部承重钢结构中作为整体性的评定项目，从而形成：结构系统包括地基基础、上部承重钢结构和围护结构三个部分。

3 最高层次鉴定单元的可靠性鉴定评级，主要用于业主整体技术管理的需要；中间层次和基础层次，即结构系统、构件单元的可靠性鉴定评级（包括安全性等级、适用性和耐久性等级的评定），主要用于满足结构实际技术处理需要，以分清是安全问题还是正常使用问题，从而采取相应的处理措施。

4 当不要求评定鉴定单元的可靠性等级时，可按本标准第7章的规定评定鉴定单元的安全性、适用性和耐久性。

4 钢材性能检测与评定

4.1 一 般 规 定

4.1.3 对于钢结构钢材性能的检测，现行国家标准《建筑结构检测技术标准》GB/T 50344、《钢结构现场检测技术标准》GB/T 50621及有关检测技术标准、验收标准对检测、检验批的划分、抽样数量做了明确规定。可根据检测项目特点，按上述标准的要求进行抽样检测。对于既有结构性能的检测项目，当图纸资料有明确说明且无疑点时，其材料的检测可仅进行现场抽样验证，这里所说的抽样验证，其抽样数量可以少于现行国家标准《建筑结构检测技术标准》GB/T 50344和《钢结构现场检测技术标准》GB/T 50621中检测类别A所规定的最少抽样数量。

4.1.4 要求取样作业在不影响结构的正常使用和安全的条件下，所取试样应保持其原始性态，或样本的性能及成分与原结构母材相同。

4.1.8 材料性能指标随时间变化的影响是指累积损伤影响和灾害作用影响，如疲劳、腐蚀、氢脆、火灾、地震作用等，当钢构件表面涂装保护良好，基材未受影响时，可忽略时间的影响。

4.2 钢材检测内容

4.2.1 当钢材从外观质量上判断存在分层、层状撕裂、非金属夹杂加层、明显偏析，以及钢材检验资料缺失或对检验结果怀疑的时候，应对结构构件中钢材的力学性能进行取样检验。既有钢结构构件钢材力学性能可采取取样检测的方法。钢材取样方法、检验方法等具体操作应按国家相关标准执行。我国现在的结构钢材主要是现行国家标准《碳素结构钢》GB/T 700中的Q235和《低合金高强度结构钢》GB/T 1591中的Q355钢。

4.3 钢材检测方法

4.3.1 钢结构取样难度较大时，可采用无损检测方法确定钢材强度等级，在结构性能评定时，可以采取相对保守的钢材强度值。现行国家标准《建筑结构检测技术标准》GB/T 50344 提供了使用里氏硬度推定钢材强度等级的测定方法。在进行钢材里氏硬度测试时，也可不推定钢材的强度等级，只进行钢材里氏硬度的测试，区分钢材的品种。直读光谱法或表面硬度法结合，可用于钢管混凝土和钢-混凝土组合结构钢材强度等级的判定。这些无损检测方法有助于区分钢材的品种，查找存在强度问题的钢材。

4.3.6 空间钢结构材料在经过长期使用后，材料会逐渐劣化，材料的显微组织会发生不同程度的变化。例如，经过高温后，金相组织会出现魏氏形貌，显微组织不均匀分布，将导致材料塑性降低、材料屈服点不明显等，这都将影响空间钢结构的使用性能。因此，有必要进行显微金相检测。通过金相检测，可以找出空间钢结构材料失效的原因和影响因素，提出改进措施，以防止重复出现同类失效现象。

4.4 钢材性能评定

4.4.1、4.4.2 对既有项目的钢材进行检测时，应按照国家现行的有关标准要求进行评定。但材料的标准有版本更新替代，且有不同年代的钢材标准与设计标准不同步的问题，使用现行标准，有可能出现工程材料按当时的标准设计施工，按现行的标准不满足的问题。因此，在检测鉴定时，应根据实际情况合理评定。

5 构件检测与评定

5.1 构件检测

5.1.2、5.1.3 根据检测目的不同，检测要求有较大的差别。对于施工质量检测与鉴定，其目的是检测施工误差。而对于结构可靠性鉴定，其检测目的是核实结构现状以及与图纸资料的相符性。

5.1.4 钢结构在施工过程中可能遗留一部分缺陷。在使用过程中也可能会出现损伤，如构件的永久变形、锈蚀等。另外，还会有人为的损伤，例如不合理地加固改造、在结构上随意焊接、随意拆除一些杆件或零部件等，直接影响结构的安全。根据钢结构的特点，这类损伤以观测检查为主，在评定过程中，不应放过任何对结构安全有较大影响的隐患。试验研究表明，锈蚀对钢材的屈服强度和极限强度影响不大，但对其延性影响较大。尤其当锈蚀达到一定深度时，其所造成的问题将不仅仅是单纯的截面削弱，还会引起钢材更深处的晶间断裂或穿透，所以宜通过取样试验确定材料性能。

5.1.5 根据钢板混凝土组合剪力墙的特点，常规检测项目除了普通钢结构的检测项目外，尚应包括混凝土强度检测。缺陷与损伤项目除了常规内容，尚应包括结合面情况的检测和内部混凝土密实度检测，内部混凝土的密实度检测可采用雷达法或者超声法进行。根据钢管混凝土柱的特点，对于钢管混凝土柱内部的混凝土，应包括混凝土的相关检测内容，其内容可以按照现行国家标准《混凝土结构现场检测技术标准》GB/T 50784 的要求进行。除了常规的缺陷和损伤，还应该包括钢管和混凝土之间的脱空情况以及混凝土内部密实度情况。

5.2 构件安全性评定

5.2.1 本条采取了以文字表述的分级标准，以统一各层次评级标准的分级原则，从而使使用者对各个等级的含义有统一的理解和掌握；同时，本标准中还有些不能用具体数量指标界定的分级标准，也需依靠此分级标准来解释其等级的含义。

由于绝大多数建筑物在通过鉴定并采取措施后还要继续使用，因而不论从保证其下一目标工作期所必需的可靠度，或是从标准的适用性和合法性来说，均不宜直接采用已被废止的原标准作为鉴定的依据。这一观点与国际主流观点也是一致的。例如，现行国际标准《结构可靠性总原则》ISO/DIS 2394 中便明确规定：对建筑物的鉴定，原设计标准只能作为指导性文件使用。

5.2.2 构件安全性鉴定应评定的项目，是按照现行国家标准《既有建筑鉴定与加固通用规范》GB 55021 定义的安全性鉴定条目的基础上，参照国内外有关标准和工程鉴定经验确定的。

5.2.3 构件的承载力项目，根据构件的抗力 R 和荷载作用效应 S 及结构构件重要性系数 γ_0 评定等级。构件的抗力 R 按照现行国家钢结构设计标准（包括《钢结构设计规范》GB 50017、《冷弯薄壁型钢结构技术规范》GB 50018 等）确定。与设计新构件不同，在计算已有构件抗力时，应考虑实际的材料性能和结构构造以及缺陷、损伤、腐蚀、过大变形和偏差的影响，也就是说，在建立结构分析模型时，就要考虑这些影响。荷载作用效应 S，应按现行国家标准《建筑结构荷载规范》GB 50009 和相关设计标准结合实测结果计算确定，结构构件重要性系数 γ_0 应按现行国家标准《建筑结构可靠性设计统一标准》GB 50068 确定。

5.2.4 对于构件的构造，如果设计规定不明确，则可参照国家现行相关设计标准进行评定，具体等级评定可参照现行国家可靠性鉴定标准进行。

5.2.7 当构件锈蚀达到一定程度，其带来的问题将不仅仅是截面削弱，而且会引起钢材更深处晶间断裂或穿透，显然要比单纯截面减小更为严重。基于此，应给出不适于继续承载的锈蚀评定界限。

5.3 构件适用性评定

5.3.1 同5.2.1。

5.3.2 构件适用性因素包括变形、偏差、一般构造和防火涂层。其中变形可分为两类，一类是荷载作用下的弹性变形，与荷载和构件的刚度有关；另一类是使用过程中出现的永久性变形，与施工过程中的偏差性质上相同，因此永久性变形应归入偏差项目进行评定。有些一般构造要求与正常使用性有关，如受拉杆件的长细比，长细比太大会产生振动。防火涂层的质量和厚度是钢结构抗御火灾的关键措施，防火涂层厚度薄、不均匀或脱落等说明防火措施不到位。对这几个项目进行评级时，应取其中的最低等级作为构件的适用性等级。

5.3.3、5.3.4 为了使鉴定工作更有效率地进行，适用性鉴定以现场调查和检测结果为主，但也应进行计算分析工作，而且应该在调查、检测的基础上更有针对性地进行。具体等级评定可参照现行国家可靠性鉴定标准进行。

5.3.5 与构件正常使用性有关的一般构造要求，具体是指拉杆长细比、螺栓最大间距、最小板厚、型钢最小截面等。限制拉杆长细比是要防止出现过大的振动；螺栓间距过大，容易造成板与板之间的锈蚀；板厚太小、型钢截面太小，对锈蚀、碰撞、磨损敏感，都存在耐久性问题。现行国家标准《钢结构设计标准》GB 50017中，对基本构件的构造有具体的要求，主要内容有一般规定、焊缝连接、螺栓连接和铆钉连接、结构构件等的具体构造要求。满足设计标准要求时应评为a_s级，否则应根据实际对使用性影响评为b_s级或c_s级。

5.4 构件耐久性评定

5.4.1 同5.2.1。

5.4.2～5.4.4 构件的耐久性应根据目前的使用环境状况进行评定。评定内容应从构件涂层或外包裹防护的质量以及构件腐蚀（锈蚀）程度两个方面分别评定各自的等级，然后根据两者中的较低等级确定构件的耐久性等级，具体等级评定可参照《高耸与复杂钢结构检测与鉴定标准》GB 51008等现行国家可靠性鉴定标准进行。

涂层质量包括涂层外观质量、涂层完整性、涂层厚度、外包裹防护状态四个方面。

构件腐蚀（锈蚀）指涂层损坏后构件基材的锈蚀。

6 连接和节点检测与评定

6.1 连 接 检 测

6.1.1 本条列举了钢结构常见的连接种类，包括焊接连接、普通螺栓连接、高强度螺栓连接、铆钉连接和锚具连接。钢结构连接的方式还有其他种类，例如射钉连接、咬合连接以及粘接等，但本标准仅对常用的焊接连接、螺栓连接、铆钉连接和锚具连接进行规定，其他连接可参考相关标准。

6.2 连接安全性评定

6.2.2 本条规定采用现行国家标准《钢结构设计标准》GB 50017 计算焊缝的承载力，进而评定焊缝承载力等级。本条同时规定了焊缝承载力验算和承载力评定等级时如何考虑锈蚀和裂缝的影响，并列举了可直接评定焊缝承载力等级为 c_u 或 d_u 级的情况。

6.2.4 本条规定了采用现行国家标准《钢结构设计标准》GB 50017 计算螺栓和铆钉的承载力，进而评定螺栓和铆钉的承载力等级。本条同时规定了承载力验算时如何考虑松动、变形和锈蚀等缺陷损伤的影响。

6.2.5 本条规定了螺栓和铆钉连接的构造等级可评定为 a_u 级或 b_u 级的具体要求，并列举了螺栓和铆钉连接的构造等级可评定为 c_u 或 d_u 级的具体情形。

6.2.6 在钢结构中，锚具基本为定型的标准产品，锚具承载力应与其连接的构件承载力相匹配，因此，在安全性评定时，本标准将锚具承载力项通过规格性能进行评定。但对于非标准锚具，可根据承载力设计试验或研究结果，或通过对锚具精细化性能分析，或通过模型试验研究进行锚具规格性能评定。

6.3 节点检测

6.3.1 本条列举了钢结构的节点种类。根据连接节点的作用和性质，可将钢结构的节点分为构件拼接节点、构件连接节点、支座节点三大类。构件拼接节点的作用是延长构件，包括柱拼接节点、梁拼接节点、支撑拼接节点等；构件连接节点用于不同构件之间的连接，包括梁柱节点、梁梁节点、支撑节点，焊接球节点、螺栓球节点和毂节点等网架球节点，钢管相贯焊接节点和拉索节点等；支座节点包括屋架支座、桁（托）架支座、网架支座、柱脚以及吊车梁支座节点等。上述节点可采用相同材料连接，也可采用铸钢节点连接。

7 钢结构可靠性鉴定

7.1 结构系统详细调查与检测

7.1.1 本条针对既有钢结构地基基础检测，一般以上部结构的倾斜、扭曲等损伤缺陷和沉降观测数据确定地基基础状态工作状况；当有不均匀沉降损伤、使用时间较长、存在腐蚀等情况时，应对基础及地梁等构件进行开挖检测，以进一步判明情况；地基承载力应根据地质勘探资料，按现行国家标准《建筑地基基础设计规范》GB 50007 中规定的方法进行确定，当评定的建构筑物使用年限超过 10 年时，可适当考虑地基承载力在长期荷载作用下的提高效应。

7.1.2 本条规定了上部承重钢结构整体性检查与详细调查应包括的内容。就结构体系而言，其整体的安全性在很大程度上取决于原结构方案及其布置是否合理，构件之间的连接拉结和锚固是否系统而可靠，其原有的构造措施是否得当及有效等。这些就是结构整体牢固性的内涵，所起到的综合作用就是使结构具有足够的延性和冗余度，以防止因偶然作用而导致局部破坏发展成为整个结构的倒塌，甚至连续倒塌。因此，本标准要求专业技术人员在进行结构鉴定时，应对该钢结构的整体性进行详细调查与评估。

钢结构系统整体性的宏观检查应依据相应的结构设计标准规定，通过快速的宏观检查，对结构系统存在的问题做出初步判断，为进一步开展详细检测鉴定明确工作内容和方向。

7.2 结构系统可靠性鉴定

7.2.1 结构系统的鉴定评级是在构件鉴定评级的基础上进行，根据结构的特点，考虑到鉴定评级的可操作性及评级结果能准确地反映结构状况，本标准将结构系统划分为地基基础、上部承重钢结构和围护结构三个部分。在实际钢结构鉴定工作中，由于鉴定目的与内容不同，鉴定评级的内容可能有所不同，结构系统鉴定评级包括安全性、适用性、耐久性和可靠性等级评定，对于要求进行安全性、适用性、耐久性鉴定评级的情况，可按本节的规定进行评级；需要进行结构系统可靠性评级时，则利用结构系统的安全性、适用性和耐久性评级结果按本标准第 7.2.3 条规定的原则进行评级。

7.2.2 本条规定了结构系统安全性、适用性和耐久性评定标准，分级标准是在参照现行国家标准《工业建筑可靠性鉴定标准》GB 50144 分级标准中的可靠指标分级原则，《工程结构可靠性设计统一标准》GB 50153 中规定的“既有结构的可靠性评定应保证结构性能的前提下，尽可能减少工程处置量”原则，以及现行国际标准《结构设计基础-既有结构的评定》ISO 13822 提出的“最小结构处理”原则基础上提出的。该条具有明确、合理的确定依据，且可反映构件地位、破坏形式、安全等级等因素的影响，能够更准确地控制结构构件的可靠度水平。

7.2.3 本条给出了结构系统可靠性评定方法，结构系统可靠性等级需要在对其安全性、适用性和耐久性等级评定完成后进行，当需要对结构系统的可靠性进行评定时，可按本条原则评定结构系统的可靠性等级。

7.2.4 影响地基基础安全性的因素很多。当地基变形观测资料不足，或检测、分析表明上部结构存在的问题系因地基承载力不足引起的反应所致时，其安全性等级应按地基承载力项目进行评定。此外，在工程鉴定实践中，一般通过观测上部承重钢结构和围护结构的工作状态及其所产生的影响正常使用的问题，来间接判断地基基础是否满足设计要求。本标准考虑到它们之间确实存在的因果关系，故据以作出本条规定。另外，由于在个别情况下（例如地下水成分有改变，或周围土壤受腐蚀等），确需开挖基础进行检查，才能作出符合实际的判断，故当鉴定人员认为有必要开挖时，也可按开挖检查结果进行评级。

7.2.5～7.2.8 上部承重钢结构安全性评定按结构整体性与承载功能两个项目评定。

结构整体性评定主要按整体变形与振动、结构整体性构造连接两个方面进行。其中，过大的水平位移或振动，除了会对结构的使用性能造成影响，甚至会对结构或构件的内力造成影响，从而影响对上部结构承载功能最终的评定。因而，当结构存在过大的变形或振动时，应当考虑这些因素对结构安全性的影响；整体性构造、连接是指建筑总高度、层高、高宽比、变形缝设置，支撑体系、构造和连接等。

上部承重钢结构的“承载功能”等级评定，主要指结构承载能力评定，在构件与节点评级的基础上进行，评级以构件为基础，将与构件相关的节点与连接合并为构件单元。根据结构的特点，先划分主要构件单元、一般构件单元，7.2.5 给出了上部承重钢承载功能的评定原则，主要构件单元的损伤或破坏会危及结构整体的承载安全性，而一般构件单元的损伤或破坏不会危及结构整体的承载安全性；但当结构中有一般构件单元被鉴定为 Du 级时，虽然这些一般构件单元的损伤或破坏不会危及结构整体的承载安全性，仍应该及时对这些一般构件单元进行维护、加固或替换，以确保其自身的安全使用。当结构所受荷载、结构尺寸或材料性能等无法确定，导致上部承重钢结构构件单元的承载力和承载功能不能评定时，可以采用结构试验的方法进行承载功能的评定，可根据结构试验荷载响应或荷载效应满足设计标准的程度，按本标准 7.2.2 条的原则综合判断上部承重钢结构承载功能等级。

7.2.10～7.2.12 上部承重钢结构适用性等级按结构使用状况和结构整体变形两个项评定。使用状况根据构件与节点适用性评级结果进行综合评定。在实际工作中，结构系统对不同结构构件适用性的要求可能不同，结构使用功能对适用性的要求也可能不同。因此，本标准使用状况评定采用先划分评定子系统，再按子系统分别进行评定的方法。结构变形或振动会对结构的使用性能或环境造成影响（如造成人员不舒适感、生产效率降低等），甚至会对结构或构件的内力造成影响，当结构变形或振动严重时，会影响主体结构承载功能，应当考虑这些因素对结构安全性的影响。

主体结构通过检测或计算分析的方法获取的整体变形，包括在吊车荷载、风荷载作用下产生的结构水平位移或地基不均匀沉降和施工偏差产生的倾斜。其限值取值可参照现行国家标准《钢结构设计标准》GB 50017、《钢结构工程施工质量验收标准》GB 50205、《门式刚架轻型房屋钢结构技术规范》GB 51022 等规定。当水平位移过大即达到 C_s 级标准时，会对结构产生不可忽略的附加内力，此时，除了应对其使用状况进行评级，还应考虑水平位移对结构承载功能的影响，对结构进行承载能力验算或结合工程经验进行分析，并根据验算分析结果参与相关结构的承载功能的等级评定。

对于多高层钢结构整体变形，应区分结构现状倾斜（不均匀沉降）变形和风荷载作用下的侧移变形，结构现状倾斜产生的附加弯矩作用，应在分析计算中考虑，结构倾斜对适用性的影响与风荷载作用下的侧移变形对适用性的影响性质不同。关于风激振动舒适性，通常可分为生理舒适性和心理舒适性两类，本标准舒适性是指生理舒适性，如果以上内容设计规定不明确，则应参照现行相关标准进行评定。

7.2.13 钢结构耐久性主要考虑防腐涂层工作状况和钢材的腐蚀状况，钢材腐蚀缺陷已在构件与节点承载功能评定中考虑，因此，评定上部承重钢结构耐久性时，未考虑构件与节点耐久性失效对整体结构安全性状态的影响程度（即未划分其主要与一般构件节点），只采用由构件和节点耐久性评级结果进行统计评定。

7.2.14 围护结构系统可分为围护结构和建筑功能配件。围护结构系统的安全性等级取围护结构的承载功能和构造连接两个项目的较低评定等级。围护结构包括墙架、墙梁、墙板、屋面压型钢板、轻质墙、砌体自承重墙等。

建筑功能配件包括屋面系统、门窗、地下防水、防护设施等。

1 屋面系统：包括防水、排水及保温隔热构造层和连接等；

2 墙体：包括非承重围护墙体（含女儿墙）及其连接、内外面装饰等；

3 门窗（含天窗部件）：包括框、扇、玻璃和开启机构及其连接等；

4 地下防水：包括防水层、滤水层及其保护层、抹面装饰层、伸缩缝、管道安装孔和排水管等；

5 防护设施：包括各种隔热、保温、防腐、隔尘密封、防潮、防爆设施和安全防护板、保护栅栏、防护吊顶和吊挂设施、走道、过桥、斜梯、爬梯、平台等。

在实际鉴定中，围护系统使用功能的评定等级可以根据构造、连接和对主体结构安全的影响三个因素，按照对钢结构使用寿命和使用的影响程度确定一个或两个为主要项目，其余为次要项目，然后逐项进行评定；一般情况下，宜将屋面系统确定为主要项目，将墙体及门窗、地下防水和其他防护设施确定为次要项目。一般情况下，系统的使用功能等级可取主要项目的最低等级；特殊情况下，可根据次要项目实际维修量的大小进行适当调整。

7.3 鉴定单元可靠性鉴定

7.3.1 根据以往的工程鉴定经验和实际需要，由于实际结构所处地基情况和使用荷载环境等因素的不同，结构的损伤程度、影响安全和使用等因素会有所不同，存在按整体建筑物可靠性评级结果不能准确反映实际状况的情况，因此，钢结构综合鉴定根据结构类型特点、生产工艺布置及使用功能要求、损伤情况等，将钢结构按整体、区段（如通常按变形缝所划分的一个或多个区段），每个区段作为一个鉴定单元，并按鉴定单元给出鉴定评级结果。这样，综合鉴定评级比较灵活、实用，既能评定出准确反映结构实际状况的结果，又不使鉴定评级的工作量过大。

7.3.2～7.3.5 为与现行国家标准《民用建筑可靠性鉴定标准》GB 50292、《工业建筑可靠性鉴定标准》GB 50144 可靠性评定方法一致，本标准将钢结构可靠性鉴定评级划分为地基基础、上部承重钢结构和围护结构三个部分分别进行。在实际鉴定工作中，由于结构鉴定目的与内容的不同，鉴定评级的内容可能有所不同，钢结构鉴定也可仅对其中的一项或两项进行鉴定，如钢结构进行安全性或耐久性鉴定。

当围护结构比地基基础和上部承重钢结构中的较低等级低三级时，可根据实际情况和围护结构实际损伤严重程度，按地基基础和上部承重钢结构中的较低等级降一级或降二级作为该鉴定单元的可靠性等级。此时，围护结构如果为承重的围护结构，则鉴定单元的可靠性等级按地基基础和上部承重钢结构中的较低等级降二级评定；如果为非承重的围护结构，则鉴定单元的可靠性等级按地基基础和上部承重钢结构中的较低等级降一级评定。

对大量钢结构工程技术鉴定（包括工程技术服务和技术咨询）项目进行分析，其中 95%以上的鉴定项目是以解决安全性（包括整体稳定性）问题为主，并注重适用性和耐久性问题；只有不到 5%的工程项目仅为了解决结构的裂缝或变形等适用性问题进行鉴定。为保证完整性，本标准给出了钢结构鉴定单元的适用性和耐久性的评级原则。

8 钢结构抗震鉴定

8.1 一 般 规 定

8.1.1～8.1.3 抗震设防烈度、设防类别和后续工作年限是进行抗震鉴定时必不可少的因素，应首先予以确定。

8.1.4 将钢结构按照不同后续工作年限划分为 A、B、C 类，根据分类在抗震鉴定中采用不同的鉴定要求。后续工作年限是进行抗震鉴定的基准年限。从后续工作年限内具有相同的超越概率的角度出发，针对 A、B、C 三类钢结构提出相应的抗震鉴定标准。

8.1.6 本条文根据现行国家标准《既有建筑鉴定与加固通用规范》GB 55021 的要求进行了相应的规定。

对于 C 类钢结构，当限于技术条件，难以按现行标准执行时，可允许减少后续工作年限，按照 B 类要求并不低于原设计标准的要求进行抗震鉴定。

8.1.7 抗震鉴定后，应根据其不符合要求的程度、部位和对结构整体抗震性能影响的大小，以及有关的非抗震缺陷等实际情况，结合使用要求和加固难易程度及技术经济等因素的分析，提出维修、加固、改变用途和更新的意见。

8.2 抗震鉴定方法

8.2.2 现行标准包括现行国家标准《建筑抗震设计规范》GB 50011、《钢结构设计标准》GB 50017、《构筑物抗震设计规范》GB 50191 以及行业标准等。

8.2.4 考虑到场地、地基和基础的鉴定和处理难度较大，而且由于地基基础问题导致的实际震害例子较少，主要应关注岩土失稳造成的灾害，如滑坡、崩塌、地裂、砂土液化等，这几类灾害波及面广，对钢结构建筑物危害的严重性也往往较大，因此应予以重视。

8.2.5 钢结构的平立面、质量、刚度分布或抗侧力构件的布置对建筑抗震极其重要，在出现不对称情况时，需进行专门分析。对于其他构造措施，可根据相关设计标准的要求进行检查。

8.2.8 本条文中第一款钢结构验算，是指可采用现行国家标准所规定的方法进行荷载组合及构件承载力验算等，验算的标准及具体参数的选取应根据钢结构原设计要求及后续工作年限等不同情况予以确定。第二款中的地震折减系数根据现行国家标准《既有建筑鉴定与加固通用规范》GB 55021 中基于等效超越概率的原理按不同后续使用年限进行了调整。

8.3 基于性能的抗震鉴定方法

8.3.1 本章性能化鉴定方法及相关要求参考了现行国家标准《建筑抗震设计规范》GB 50011、《建筑抗震韧性评价标准》GB/T 38591 等的相关内容。钢结构的抗震性能目标应根据抗震设防类别、设防烈度、场地条件、结构类型和不规则性，结构构件在整个结构中的作用、使用功能和附属设施功能的要求，投资大小、震后损失和修复难易程度等，综合分析比较确定。

钢结构性能化设计鉴定一般应用于以下几种情况：

1 当钢结构的抗震鉴定按常规两级鉴定方法评为不满足时；

2 结构的规则性、结构类型不符合现行国家标准有关规定的复杂结构形式；

3 采用隔震消能技术的结构；

4 既有建筑物需要改造，但不符合现行标准时的特殊结构；

5 位于高烈度区（8 度、9 度）的甲、乙类设防标准的特殊工程，重要的公共枢纽建筑；

6 处于抗震不利地段、危险地段的工程；

7 超限高层建筑结构；

8 采用现行标准里面没有的新结构体系、新技术以及新材料的建筑结构；

9 功能重要的建筑，如特殊设施，涉及国家公共安全的，可能发生严重次生灾害，并导致大量人员伤亡建筑以及使用功能不能中断的生命线相关建筑。

钢结构性能化鉴定时，可以对整个结构、局部构件或关键部位构件、节点设定不同的性能目标。

8.3.2 抗震鉴定标准规定的最低要求如下：结构在多遇地震时，钢构件保证均完好、无损坏；设防地震普通竖向构件可部分构件中度损坏，关键构件轻度损坏，耗能构件可中度损坏或部分比较严重损坏，钢结构修复或加固后可继续使用；罕遇地震时，部分普通竖向构件及耗能构件部分可比较严重损坏，关键构件可中度损坏。

一般钢结构指抗震设防类别为标准设防类或适度设防类钢结构，重要钢结构指抗震设防类别为重点设防类或特殊设防类钢结构。

8.3.4 由于不同类型的钢结构，功能和延性差异较大，可根据实际需要，对钢结构的整体、局部部位、关键部件、构件进行性能化鉴定。

8.3.5 采用性能化评定方法进行抗震鉴定时，可不再划分抗震措施评定、抗震承载力与变形分析验算，而根据结构分析损伤状况进行评定。

9 钢结构监测

9.1 一般规定

9.1.1 根据需要，钢结构工程监测可只针对施工期间结构状态进行监测，也可只针对结构在使用期间状态进行监测，施工监测与使用监测在监测周期、荷载工况、监测参数以及状态控制等方面有所不同，对传感器件性能、测点数量与布置、监测系统与软件等要求也不相同。因此，本标准进行了施工监测与使用监测的分类，对于既进行施工监测，也进行使用监测的项目，从监测数据的连续性和监测项目的经济性考虑，在监测系统与方案的设计中，应统筹考虑参数、测点布置、监测系统等。

9.1.2 为保证监测数据的长期稳定性与有效性，本标准规定了对监测系统进行巡视检查、维护和现场标定的要求。系统现场标定一般采用施加荷载或利用温度变化等方式加载，通过测试和分析数据的变化量确定传感器或系统的工作是否正常。

9.2 监测参数与测点布置

9.2.1 随着监测技术的发展，钢结构监测主要用于结构施工质量监控和结构可靠性（安全性、适用性与耐久性）状态监测。对结构可靠性监测，监测参数可分为环境荷载作用参数与结构响应参数，而对于施工质量监测，除上述两类监测参数外，还应包括施工定位与尺寸偏差、变形方面的参数，考虑到施工偏差是主要为施工控制的范畴，且这些几何参数与结构变形、位移参数类似，本标准只将监测参数分为环境荷载作用参数与结构响应参数两类。

9.2.2 环境与荷载监测参数应根据监测期内工程实际情况和监测目的选择，监测参数应考虑参数的分布特征，测点布置宜选择其分布特征控制点值为监测参数。为便于应用监测数据判断结构状态和验算分析结构的安全性，规定了环境与荷载监测参数及测点布置应尽量与相应结构荷载规范取值一致，或通过监测参数直接换算可获得与荷载规范一致的数据。

9.2.3 间接监测参数与结构控制参数之间应有确定的物理或几何换算关系。为便于应用监测数据判断结构状态和验算分析结构的安全性，规定了监测参数尽可能与结构设计、验算使用的参数一致。

9.2.4～9.2.6 位移测点布置在结构变形曲线特征点，是基于根据特征点值和变形曲线线性可确定结构变形曲线方程，并通过几何与微分分析计算获得所需要的结构变形值（如挠度、截面转角、任意点应变等）；钢结构杆件截面应变监测参数布置中，应首先确定杆件主要变形特征（弯曲变形、拉压变形、扭转变形等）。应变测点数量及布置原则如下：应用监测点测试参数值与截面主要变形特征，通过截面应力积分获得截面主要内力，同时，也可利用对称性消除截面次要变形因素在积分运算中的影响。

9.3 监 测 系 统

结构响应监测参数的选择，除应符合本标准原则外，还应考虑所采用的监测手段是否能满足测试数据的精度与长期稳定性等因素，包括以下内容：

1 监测系统的分辨力与监测参数在监测期内的变化幅度范围的比较，当其系统分辨力与监测参数变化幅度在同一量级时，监测数据的准确性就会降低；

2 考虑监测系统长期漂移偏差与监测参数在监测期内的变化幅度范围的比较，当其系统漂移偏差值与监测参数变化幅度在同一量级时，监测系统的长期稳定性相对较差；

3 当监测手段的测试精度与长期稳定性不能满足工程需要时，可考虑使用性能更好的监测系统，或使用间接监测参数传感系统，或采用机械转换放大传感器，或增大标距等方法进行。

监测测点布置设计中，传感器安装防护、监测仪器设备放置和电源信号线铺设等均为监测系统设计的重要内容。在施工监测中，为避免在系统安装监测期间与工程施工交叉影响，造成对监测系统的破损，一般应将监测系统的安装统一纳入工程施工组织设计中。

9.4 监测要求

9.4.1 在进行监测前，必须对监测系统是否工作正常进行调试，同时设置监测初始值。在实际工程中，监测系统安装节点差异较大，初始值往往不是零状态（如使用监测前一般结构自重、施工荷载与偏差影响等已发生），因此，规定在监测前检测记录结构已有荷载及其他对监测结果的影响信息。

预警值设置一般根据结构设计可靠度要求，在结构计算分析、监测前状况和监测期间荷载环境变化评估等基础上综合确定。

9.4.3、9.4.4 根据监测含义，将以往由人工进行的定期简单参数测量或外观状态检查等（如基础沉降测量、裂缝观测等）也统一纳入本标准范围。

影响结构状态的因素较多，监测系统有限的参数与测点不能完全覆盖所有信息，本标准强调在监测系统记录数据的同时，需记录其他结构相关信息，会在监测中（特别在施工监测中）发挥重要作用。

9.4.5、9.4.6 根据以往的工程监测经验，经常发生由于现场施工对监测系统保护不当，造成传感器或线路损坏，现场发生短时局部荷载或温度突变而未能监测到信息，个别传感器失效或接线断开，因现场电源不稳定引起软件无法正常运行等情况，导致监测数据出现异常或不正确等情况，对监测数据正确性判断和应用造成较大影响。因此，本标准强调监测系统维护的重要性，目的是保证监测系统正常运行，排除减少因系统故障或损坏引起的监测数据异常影响，同时，详细记录监测现场的其他信息，有助于分析处理监测数据和正确判断结构状态。

9.5 监测数据评估

监测数据反映了结构参数在监测期内结构状态的变化，根据监测期间实际荷载与结构响应监测数据之间的对应关系，可以验证或修正结构设计计算的正确性和有效性。而当能够确定监测数据与实际荷载的对应关系时，可以进行基于监测数据的结构安全可靠性评估工作，基本方法如下：先确定结构在后期荷载作用取值、变异性以及不利荷载组合，按照荷载作用与结构响应的对应关系，通过监测数据计算分析在不利荷载组合下对应的结构响应值，进而对结构承载力、变形或可靠性等进行分析评估。

10　专项检测与鉴定

10.1　钢构件断裂

10.1.1　钢构件断裂包括静载、应力集中引起的韧性断裂，冲击引起的脆性断裂，动力荷载引起的疲劳断裂，低温或腐蚀引起的环境断裂等。

当钢构件或其连接、节点域出现脆性断裂或疲劳开裂时，以及钢吊车梁受拉区域或吊车桁架受拉杆及其节点板有裂纹情况时，应立即采取处理措施，并进行专项检测鉴定。

10.1.3　钢构件在焊缝部位断裂时，应按现行国家标准《钢结构现场检测技术标准》GB/T 50621 和《钢结构工程施工质量验收标准》GB 50205 进行检测。钢构件探伤方法包括磁力探伤、荧光探伤、超声探伤、X 光探伤等。

10.1.4　对于钢结构的断裂检测后的评定，可根据本标准相关章节的规定进行。

10.2　防 腐 涂 层

10.2.4　防腐涂层专项检测鉴定除满足现行施工验收标准外，还应满足国家现行标准《钢结构设计标准》GB 50017 及《钢结构防腐蚀涂装技术规程》CECS 343 的要求。

10.3　防 火 涂 层

10.3.4　火灾下钢结构的破坏，实质上是由于随钢结构温度升高，钢材强度降低，其承载力会随之下降，致使结构不足以承受火灾时的荷载效应而失效破坏。因此，钢结构的抗火设计实际上是火灾高温条件下的承载力设计，其设计原理与常温条件下钢结构的承载力设计是一致的。防火涂层尚应满足国家现行标准《建筑钢结构防火技术规范》GB 51249 及《建筑钢结构防火技术规范》CECS 200 的要求。

10.4 拉杆、拉索

10.4.3 对拉杆、拉索的评定，可根据本标准第 5 章的规定进行。

10.5 钢结构振动

10.5.1 钢结构由于其整体刚度相对混凝土结构低一些，所以振动现象时有发生，会影响舒适性甚至结构安全，结构振动可能由于主体或附属构件的共振引起，因此应重视附属设施、构件及连接管道等对结构振动的影响，考虑结构长期使用腐蚀、节点松动等因素，进行检测后综合判定分析。

10.5.4 振动测试系统可采用电磁式、压电式、电阻应变式或光电式测试系统。振动测试系统的选用应符合下列规定：(1) 测试系统应根据测试对象的振动类型和振动特性的要求选取；(2) 测试系统应符合国家现行标准的有关规定；(3) 测试仪器应由国家认定的计量部门定期进行校准；(4) 振动测试时，测试仪器应在校准有效期内。

振动测试一般应符合下列规定：(1) 应选择对结构构件无损伤的方法进行测试；(2) 振动测量应在振动响应最大时段进行，环境振动测量应在昼间、夜间分别进行；(3) 振动测量过程中，应保持振源处于正常工作状态，应避免遭受其他振源和环境因素的干扰。

10.5.5 钢结构振动可能与周边一定范围内的振动源有关，所以除应进行结构本身的振动检测，应同期考虑周边环境的相关调查检测。

10.6 钢构件疲劳性能

10.6.1 正常情况下，直接承受动力荷载重复作用的钢结构构件及其连接，当应力变化的循环次数 n 不小于 5×10^4 次时，应进行疲劳鉴定。

10.6.2 疲劳性能检测与鉴定可参照现行国家标准《高耸与复杂钢结构检测与鉴定标准》GB 51008 执行。

10.6.5 对于海水腐蚀环境，低周-高应变疲劳等特殊使用条件中疲劳破坏的机理与表达式各有特点，分别另属专门范畴，高温下使用和焊后经回火消除焊接残余应力的结构构件及其连接则有不同的疲劳强度值，因此应另行考虑。

10.7 灾后钢结构性能

10.7.2 优先评估的建筑应包括直接危及人员生命安全和基本生活保障的建筑、应急避难场所、防灾救灾重要建筑和可能导致严重次生灾害的建筑。对于主体结构已严重破坏、丧失承载能力或主体结构已部分倒塌的建筑结构，检测前，应及时采取排危措施。

10.7.5 近年由于强风台风引起的围护结构破坏较多，其危害甚至高于主体结构，围护系统的鉴定可参照现行国家标准《建筑金属板围护系统检测鉴定及加固技术标准》GB/T 51422 执行。